U0176568

走向未来科技丛书

领导干部科技创新学习读本

量子科技

与领导干部谈

陈海波◎主编

中共中央党校出版社

图书在版编目（CIP）数据

与领导干部谈量子科技/陈海波主编．--北京：
中共中央党校出版社，2021.4
ISBN 978-7-5035-7005-6

Ⅰ.①与… Ⅱ.①陈… Ⅲ.①量子力学-信息技术-
干部教育-学习参考资料 Ⅳ.①O413.1

中国版本图书馆 CIP 数据核字（2021）第 027622 号

与领导干部谈量子科技

策划统筹	任丽娜
责任编辑	任丽娜　牛琴琴　桑月月
责任印制	陈梦楠
责任校对	马　晶
出版发行	中共中央党校出版社
地　　址	北京市海淀区长春桥路 6 号
电　　话	（010）68922815（总编室）　　　（010）68922233（发行部）
传　　真	（010）68922814
经　　销	全国新华书店
印　　刷	北京中科印刷有限公司
开　　本	700 毫米×1000 毫米　1/16
字　　数	171 千字
印　　张	15.5
版　　次	2021 年 4 月第 1 版　　2021 年 4 月第 1 次印刷
定　　价	68.00 元

微 信 ID: 中共中央党校出版社　　　　　**邮　　箱:** zydxcbs2018@163.com

编 委 会

自序

2020 年 10 月 16 日，中共中央政治局就量子科技研究和应用前景举行第二十四次集体学习，会议强调当今世界正经历百年未有之大变局，科技创新是其中一个关键变量。要充分认识推动量子科技发展的重要性和紧迫性，加强量子科技发展战略谋划和系统布局，把握大趋势。而在《中共中央关于制定国民经济和社会发展第十四个五年规划和二○三五年远景目标的建议》中，量子信息也被列入需要重点发展的"有前瞻性、战略性的国家重大科技项目"，与人工智能以及集成电路一起成为中国增强核心科技竞争力的一步"先手棋"。

量子信息技术是量子物理与信息科学融合的新型交叉学科，它利用独特物理现象进行高效信息获取、处理与传输的新型方式，是人类探索微观世界的重大成果，它的诞生标志着人类社会将从经典技术迈进量子技术的新时代。目前，量子信息技术已经成为全球各主要国家在核心科技领域关注的焦点之一，量子计算、量子通信和量子精密测量三大领域科研探索和技术创新保持活跃，代表性研究成果和应用探索进展亮点纷呈、前景可期。

当前，我国在量子通信方面处于世界领先水平。2016 年 8 月，中科院成功发射了世界首颗量子科学实验卫星"墨子号"，在国际上首次成功实现千公里级的星地双向量子通信，并成功实现洲际量子密钥分发，为构建覆盖全球的量子保密通信网络奠定了坚实的基础。另外，中科院牵头建设的"京沪干线"于 2017 年 9 月正式开通，这是全球首条量子保密通信干线，标志着我国已构建出全球首个天地一体化、多横多纵的广域量子密钥通信骨干网雏形。

而在量子计算领域，2017 年 5 月，中科大的研究团队造出了世界上第一台超越早期经典计算机（ENIAC）的光量子计算原型机。2020 年 12 月，中科大与中科院上海微系统所、国家并行计算机工程技术研究中心合作，成功构建 76 个光子的量子计算原型机"九章"，实现了具有实用前景的"高斯玻色取样"任务的快速求解，比 2019 年谷歌发布的 53 个超导比特量子计算原型机"悬铃木"快一百亿倍，比目前最快的超级计算机日本"富岳"快一百万亿倍，这一里程碑式的进展牢固确立了我国在国际量子计算研究中的第一方阵地位，也为日后在图论、机器学习、量子化学等领域提供重要的潜在应用价值。

本书《与领导干部谈量子科技》的特点是在量子科技革命的第二次浪潮即将来临的背景下，对量子信息技术总体发展态势，量子计算、量子通信、量子精密测量三大领域关键技术，未来发展与应用展望进行了探讨分析。全书内容翔实、图文并茂，介绍了中欧美日等主要经济体在量子科技领域的支持投入与规划布局，便于各级领导干部更好地理解世界各国在顶层设计和研究应用方面的竞争，认识量子信息技术对促进高质量发展、保障国家安全起到的重要作用。

中国的国力日益增强，突破关键核心技术的需求也更为迫切，这更需要各级党政干部重视创新发展，学习量子科技，发挥量子科技在引领新一轮科技革命和产业变革过程中所起到的关键而长期的作用，从而更坚定地支持基础研究和关键核心技术攻关、支持科技企业参与量子科技发展、支持量子科技产学研深度融合和协同创新。

本书作为领导干部科技创新学习读本，旨在帮助各级干部及时了解量子科技的发展形势，通过大力支持量子计算、量子通信等相关产业的发展，更好地推进当前中国经济社会面临的新旧动能转换、产业转型升级等重大任务，从而更有力地推动我国发展不断朝着更高质量、更有效率、更加公平、更可持续的方向前进。

我们相信，处在这样一个重要的战略机遇期，量子科技的高精尖人才一定能勇挑重担，敢闯"无人区"，下更大决心，以更大力度，充分发挥我国在重大项目的组织协调方面集中力量办大事的体制优势，以完整工业体系和纵深巨大的统一市场等作支撑，缩小与国际先进水平的差距，助力中国在第二次量子科技革命浪潮中抢占国际竞争制高点，构筑发展新优势！

陈海波

2021 年 1 月

目录
CONTENTS

第三章　量子通信技术与应用发展　　　105

第一章

量子信息技术发展
背景与整体态势

2020 年 10 月 16 日，中共中央政治局就"量子科技研究和应用前景"举行了第二十四次集体学习，这是量子科技第一次在公开层面进入到我国最高决策层的集体关注视野中，量子科技正式上升为国家战略，成为中国增强在科技领域国际核心竞争力的一步"先手棋"（如图 1—1 所示）。会议强调量子科技已经成为新一轮科技革命和产业变革的前沿领域，加快发展量子科技，对促进高质量发展、保障国家安全具有非常重要的作用，要更好推进我国量子科技发展。我国已经具备了在量子科技领域的科技实力和创新能力，但我国量子科技发展也存在不少短板，要形成更加有力的政策支持，要保证对量子科技领域的资金投入，加快基础研究突破和关键核心技术攻关。①

图 1—1　中央政治局第二十四次集体学习

---

① 《习近平主持中央政治局第二十四次集体学习并讲话》，http：//www.gov.cn/xinwen/2020-10/17/content_ 5552011.htm.

同时，领导人的讲话中还从顶层设计、政策支持、核心技术攻关、人才培养、产学研协同等方面，对大力推动量子科技发展做出了更进一步的要求。

表1—1　中央政治局会议提出促进量子科技发展的重要措施

重要措施	具体内容
加强顶层设计和前瞻布局	加强多学科交叉融合和多技术领域集成创新，形成量子科技发展的体系化能力
健全政策支持体系	要保证对量子科技领域的资金投入，同时带动地方、企业、社会加大投入力度。要加大对科研机构和高校对量子科技基础研究的投入，加强国家战略科技力量统筹建设，完善科研管理和组织机制
加快基础研究突破和关键核心技术攻关	要统筹量子科技领域人才、基地、项目，实现全要素一体化配置，加快推进量子科技重大项目实施。要加大关键核心技术攻关，在量子科技领域再取得一批高水平原创成果
培养造就高水平人才队伍	建立适应量子科技发展的专门培养计划，打造体系化、高层次量子科技人才培养平台。围绕量子科技前沿方向，加强相关学科和课程体系建设，造就一批能够把握世界科技大势、善于统筹协调的世界级科学家和领军人才。建立以信任为前提的顶尖科学家负责制等
促进产学研协同创新	提高量子科技理论研究成果向实用化、工程化转化的速度和效率，积极吸纳企业参与量子科技发展，引导更多高校、科研院所积极开展量子科技基础研究和应用研发，促进产学研深度融合和协同创新。加强量子科技领域国际合作，提升量子科技领域国际合作的层次和水平
各级党委和政府要高度重视科技创新发展	做好重大科技任务布局规划，优化科技资源配置，采取得力措施保证党中央关于科技创新发展重大决策部署落地见效

量子信息技术是量子物理与信息科学交叉的新生学科，其物理基础是量子力学。而量子力学则是在 20 世纪初由普朗克、爱因斯坦、玻尔、薛定谔、海森堡等科学家创立的。自从问世以来，量子科学已经先后孕育出原子弹、激光、核磁共振等新技术，成为 20 世纪最重要的科学发现之一。进入 21 世纪，量子科技革命的第二次浪潮正在来临。第二次量子科技革命以量子计算、量子通信和量子精密测量等一批新兴技术为代表，将极大地改变和提升人类获取、传输和处理信息的方式和能力。

作为我国的战略性产业，在政策的推动下，国内量子科技领域的技术持续发展，位列国际第一梯队，尤其是量子通信相关技术处于世界一流水平。比如早在 2016 年 8 月我国成功发射的量子卫星"墨子号"，在国际上率先实现地面与卫星之间的量子密钥分发，为建立全球范围的量子通信网络打下技术基础。

从国际意义上来看，当今世界正经历百年未有之大变局，科技创新是其中一个关键变量。我们要于危机中育先机、于变局中开新局，就必须向科技创新要答案。量子科技发展具有重大科学意义和战略价值，是一项对传统技术体系产生冲击、进行重构的重大颠覆性技术创新，将引领新一轮科技革命和产业变革方向。

从国内发展意义上来看，加快发展量子科技，对促进高质量发展、保障国家安全具有非常重要的作用；要充分认识推动量子科技发展的重要性和紧迫性，加强量子科技发展战略谋划和系统布局，把握大趋势，下好先手棋。

在当前背景下，量子科技的战略地位日益突出。2020 年 7 月的政治局会议上提出要"提高产业链供应链稳定性和竞争力，更加注重补短板和锻长板"，其中首次提出"锻长板"，意思就是说要继续鼓励支持已经在国际上取得技术领先的领域。毫无疑问，量子通信就是国内目前的"长板"之一。

那么，什么是量子信息技术？

第一节 量子信息技术成为未来科技发展的核心关注焦点之一

微观粒子的物理量具有不连续变化的特性，而"量子"即是这种不连续变化的基本单元，不可分割。量子力学研究和描述微观世界基本粒子的结构、性质及其相互作用，量子力学与相对论一起构成了现代物理学的两大理论基础，为人类认识和改造自然提供了全新的视角和工具。

随着人类对于量子力学原理的认识、理解和研究地不断深入，以及对于微观物理体系的观测和调控能力地不断提升，以微观粒子系统（如电子、光子和冷原子等）为操控对象，借助其中的量子叠加态（指一个量子系统可以处在不同量子态的叠加态上）和量子纠缠效应（指两个量子纠缠在一起时，对其中一个的测量结果会瞬间决定另一个的测量结果，并且这种关联与距离等没有关系）等独特物理现象，以经典理论无法实现的方式，进行信息获取、处理和传输的量子信息技术应运而生并蓬勃发展。量子信息技术是量子物理与信息科学交叉的新生学科，其物理基础是量子力学。在量子力学的诸多原理中，叠加、测量、纠缠三大违反宏观世界认知的奥义对量子信息的研究起到了决定性作用。

量子信息技术主要包括量子计算、量子通信和量子精密测量三大主要技术应用领域，可以在提升运算处理速度、安全保障能力、信息容量、检测精度和灵敏度等方面突破现有信息技术的物理局限。量子信息技术是未来科技创新发展的重要突破口，其已经成为信息通信技术演进和产业升级的核心关注焦点之一，在未来国家科技发展、新兴产业培育、国防和经济建设等诸多领域，将产生基础共性乃至颠覆性的重大影响。

量子科学是 20 世纪最为重要的科学发现之一，20 世纪中叶，随着量子力学的蓬勃发展，人类开始认识和掌握微观物质世界的物理规律并加以应用，以现代光学、电子学和凝聚态物理为代表的量子科技革命第一次浪潮兴起，其理论衍生出诸如激光、核磁共振、半导体晶体管、高温超导材料和原子能等具有划时代意义的重大科技突破。有了半导体，人类构建了现代意义上的通用计算机，并催生出了改变人类生活的互联网；有了精确的原子钟，人类构建了卫星导航系统，实现了全球精确定位。从这个意义上来说，量子技术为现代信息社会的形成和发展奠定了基础。但受限于对微观物理系统的观测与操控能力的不足，这一阶段的主要技术特征是认识和利用微观物理学规律，例如能级跃迁、受激辐射和链式反应；对于物理介质的观测和操控仍然停留在宏观层面，例如电流、电压和光强。

进入 21 世纪之后，随着激光原子冷却、单光子探测和单量子系统操控等微观调控技术的突破和发展，以精确观测和调控微观粒子系统，利用叠加态和纠缠态等独特量子力学物理特性为主要技术特征的量子科技革命第二次浪潮正在来临，人类对量子世界的探索已经从单纯的被动"观测时代"走向主动"调控时代"。如同人类对生物学的认识从孟德尔遗传定律跨越到 DNA 基因工程的影响一样，这一技术变化将带来人类历史的飞跃。量子保密通信正在提供一种原理上无条件安全的通信方式；量子计算机已经验证了量子计算优越性，并有望与人工智能技术相结合，打破目前的技术瓶颈。

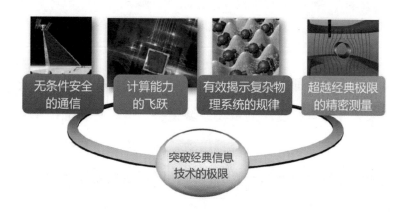

图1—2　第二次量子革命的主要突破领域

量子科技的革命性发展，将极大改变和提升人类获取、传输和处理信息的方式和能力，为未来信息社会的演进和发展提供强劲动力。量子科技与通信、计算和传感测量等信息学科相融合，形成全新的量子信息技术领域。

第二节 各国加大量子信息领域的
支持投入和布局推动

以量子计算、量子通信和量子精密测量为代表的量子信息技术已成为未来各国科技发展的重要领域之一，世界科技强国都对其高度重视。近年来，欧美国家纷纷启动了国家级量子科技战略行动计划，大幅增加研发力度和投入，同时开展顶层规划设计及研究应用布局，力争抢占技术制高点。

一、日本

自 2001 年起，日本邮政省开发量子通信技术，并将该技术作为国家级高技术研究开发之一，提出了以新一代量子通信技术为对象的长期研究战略，并计划在 2030 年前建成原理上无条件安全保密的高速量子通信网。2013 年，日本文部科学省成立量子信息和通信研究促进会以及量子科学技术研究开发机构，计划在未来十年投资 400 亿日元（约 3.75 亿美元），支持量子通信和量子信息领域的研发。①2016 年 10 月宣布要发展量子神经网络（Quantum Neural Network）等量子计算解决方案，并在 2017 年 11 月宣布推出相关装置。2020

---

① 《找回失去的二十年？日本量子计算的进击之路》，https：//ee. ofweek. com/ 2020-08/ART-8500-2801-30453608. html.

年日本政府预算中有关量子技术研发的费用比 2019 年翻了一番，达到 300 亿日元（约 2.81 亿美元）。

二、英国

英国 2014 年设立并于次年正式启动"国家量子技术计划"（National Quantum Technology Programme），第一期五年投资 2.7 亿英镑用于建立量子通信、传感、成像和计算四大研发中心，在大学和企业之间形成紧密的合作关系，开展学术与应用研究。2018 年 11 月进行了第二阶段 2.35 亿英镑投资拨款。

三、德国

2018 年 9 月，德国联邦内阁通过了首个量子技术研究计划"量子技术——从基础到市场"，其旨在为量子技术的发展打下牢固的学术和经济基础，其中的措施有设立研究能力中心、建立网络组织、与经济界开展协同研究、为青年后备人才设立研究小组等。研究的重点领域是量子卫星、量子计算和用于高性能高安全数据网络的测量技术。在加强技术研究的同时，注重促进公众对量子技术的理解。[①] 根据该框架计划，德国拟于 2022 年前投资 6.5 亿欧元促进量子技术发展与应用，并可延长资助至 2028 年。

---

① 《德国政府通过〈量子技术：从基础到市场〉计划》，http：//www. globaltech-map. com/document/view？id＝14240.

四、欧盟

欧盟 2016 年推出为期十年，总投资额超过 10 亿欧元的"量子宣言"（Quantum Manifesto）旗舰计划，支持量子计算、通信、模拟和传感四大领域的研究和应用推广，并于 2018 年 11 月正式启动首批 20 个科研类项目（如表 1—1 所示）。2019 年 7 月欧盟 10 国签署量子通信基础设施（Quantum Communication Infrastructure）声明，探讨未来十年在欧洲范围内将量子技术和系统整合到传统通信基础设施之中，利用量子基础设施以超级安全方式传输、存储信息和数据，并实现欧盟通信资产全连接。此外，QCI 将助力欧洲确保其关键基础设施和加密系统免受网络威胁，保护智能能源网、空中交通管制、银行、医疗保健设施等免受黑客攻击，并使数据中心安全存储和交换信息，长期保护政府数据隐私。截至目前，除爱沙尼亚、爱尔兰和拉脱维亚外，已有 24 个欧盟成员加入该计划。[①]

表 1—2　欧盟"量子宣言"旗舰计划首批科研项目

量子计算 + 模拟方向			
离子阱量子计算	AQTION	奥地利茵斯布鲁克	可扩展离子阱量子计算物理平台及多激光器操控系统，全自动运行
开放超导量子计算机	OpenSuerQ	德国 Saarlanders	开放式超导量子计算机硬件 + 软件 + 优化工具，50—100 量子比特
可编程原子大规模量子模拟	PASQuanS	德国马克思—普朗克	500 位中性原子和离子平台量子模拟器，面向量子退火与优化问题

---

① 《欧盟 24 个成员国共同开展量子通信基础设施计划》，http：//www. most. gov. cn/gnwkjdt/202004/t20200401_ 152765. htm.

续　表

级联激光器频率梳量子模拟	Qombs	意大利 Consiglio	光学晶格超冷原子量子模拟器，研究载波传输量子动态效应和传感
量子通信方向			
连续变量量子通信	CiViQ	西班牙光子科学研究院	基于 PIC 和 CV-QKD 系统，面向电信运营商的网络部署和应用验证
量子互联网联盟	QIA	荷兰代尔夫特	基于量子中继器的量子隐形传态网络，连接量子计算平台物理比特
量子随机数生成器	QRANGE	瑞士日内瓦	集成化 CMOS 工艺 SPAD，随机数产生速率 >10Gbps 芯片化 QRNG
实用化量子通信	UNIQORN	奥地利国家技术研究院	InP 平台量子片上系统，可用于量子隐形传态、单光子 QKD 和压缩态
量子精密测量方向			
金刚石色心量子精密测量	ASTERIQS	法国泰雷兹集团	固态金刚石 NV 色心探针，高动态范围多用途量子传感器
集成化量子钟	iqClock	荷兰阿姆斯特丹	集成化光原子晶格钟，小型化锶原子钟，超辐射原子钟
微型原子气室量子精密测量	MACQSIMAL	瑞士电子与微技术中心	基于 MEMS 原子蒸汽腔的量子陀螺、量子重力仪和气体传感器
金刚石动态量子多维成像	MetaboliQs	德国弗劳恩霍夫应用研究促进协会	基于金刚石 NV 色心偏振器的超级化磁共振（MRI）医学成像
量子基础研究			
二维量子 PIC 材料与器件	2D-SIPC	西班牙光子科学研究院	用于可扩展光子集成电路的二维量子材料和器件集成
微波驱动离子阱量子计算	MicroQC	保加利亚 TCPA	微波控制微加热技术多比特离子阱逻辑门和量子处理器设计
亚泊松分布光子枪	PhoG	英国安德鲁斯	集成化高确定性非传统光源，如亚泊松分布光源和多模纠缠光源

续 表

基于光子的量子模拟	PhoQuS	法国索邦	基于多光子量子超流体和量子湍流状态的量子模拟新平台
量子微波计算和传感	QMiCS	德国巴伐利亚	微波频段单光子探测，数米距离的量子微波互联分布式量子计算
可扩展二维量子PIC	S2QUIP	瑞典皇家理工学院	小型通用化源和集成光子电路，为量子通信提供信息载体
可扩展稀土离子量子计算	SQUARE	德国卡尔斯鲁厄理工学院	基于稀土离子材料的量子物理比特高密度集成和光学互联

五、美国

作为全球量子技术最领先的美国也在近十年来通过"量子信息科学和技术发展规划"等项目，以每年约2亿美元的投入力度持续支持量子信息各细分领域的研究。在全球量子信息技术加快发展的背景下，美国进一步加大投入，在2018年12月通过《国家量子计划法案》（National Quantum Initiative Act），计划在2019年至2023年的第一阶段原有基础上，每年新增量子信息科学领域2.55亿美元投资，共计12.75亿美元（其中6.25亿美元成立国家量子信息科研中心，4亿美元用于制定量子科技发展标准，2.5亿美元用于科技人才建设），拨给能源部、国家标准与技术研究院和国家科学基金会，以确保美国在量子技术时代的科技领导力以及经济安全、信息安全和国家安全。同期发布的《量子信息科学国家战略纲要概述》（National Strategic Overview for Quantum Information Science），规划推动量子计算超大规模数据集优化处理、量子模拟新材料设计和分子功能、基于量子隐形传态的安全通信以及量子传感与精密测量等领域的研究，同时设立 3~6 个量子创新实验室（Quantum Innovation Labs），建立全美量子科研网络（Quantum Research Network），推动量子计算接入计划（Quantum Computing Access Program）。该战略概述总结了量子信息科学带来的挑战和机遇，并分析美国在该领域维持和扩大领先优势的措施。2020 年 2 月，美国白宫发布《美国量子网络战略远景》（A Strategic Vision for America's Quantum Networks），提出要建立国家量子互联网，并实现商用。2020 年 7 月，美国能源部公布未来美国量子互联网发展的战略蓝图，其核心是要确保美国在全球量子竞赛中保持领导优势。2020 年 10 月，美国国务院发布《关键与新兴技术国家战略》（National Strategy for Critical and Emerging Technology），详细介绍了美国为保持全球领导力而强调发展"关键与新兴技术"，明确了 20 项关键新兴技术的清单，其中就包括量子信息科学；同月，美国量子协调办公室发布了《国家量子信息科学战略投入的量子前沿报告》（Quantum Frontiers Report on Community Input to the Nation's Strategy for Quantum Information Science），报告指出美国已将在量子信息科学领域保持领导地位作为确保美国长期近期繁荣和国家安全的关键优先事项。[①]

由于考虑到量子信息的重要性，美国还将量子信息设置成出口管制重要领域。早在 2017 年 8 月，美国针对信息安全类商品的出口管制清单中，明确列入"专门设计（或制造）以用于实现或使用量子密钥分发"的商品；在 2017 年 12 月更新的针对"许可证例外"

---

① 《量子通信有争议吗？在科学上，根本没有争议》，https：//new. qq. com/omn/
20201012/20201012A05IV900. html.

的说明中，量子密码类商品或软件只对中国非政府类用户可以适用"许可证例外"；在 2018 年 11 月，美国政府出台了一份针对关键新兴和基础技术和相关产品的出口管制框架《受管制的新兴技术清单征求意见草案》（Advanced Notice of Proposed Rulemaking），提案涉及人工智能、AI 芯片、机器人、量子信息等 14 个领域，目的是保证美国在科技、工程和制造领域的领导地位不受影响。

六、中国

为抢占第二次量子技术革命的制高点，我国持续支持量子信息技术领域的技术发展与应用探索，近年来重视和支持力度进一步加大。2018 年 5 月 28 日，习近平总书记在两院院士大会上的讲话中指出，"以人工智能、量子信息、移动通信、物联网、区块链为代表的新一代信息技术加速突破应用"，量子信息的战略地位得到进一步肯定。国务院发布《"十三五"国家科技创新规划》《"十三五"国家战略性新兴产业发展规划》和《"十三五"国家信息化规划》等文件，指导量子信息技术研究与应用。科技部和中国科学院通过自然科学基金、"863"计划、"973"计划和战略先导专项等国家科技项目对量子信息的基础科研和前沿应用研究进行了大量布局和投入。自 2016 年起，我国进一步设立国家重点研发计划"量子调控与量子信息"重点专项，支持量子信息重点技术领域研究。2018 年进一步研究筹建国家级实验室和论证设立新科技项目，继续加强量子信息领域的支持力度和顶层布局规划。另外，发改委牵头组织实施了量子保密通信"京沪干线"技术验证与应用示范项目、国家广域量子保密通信骨干网络建设一期工程等试点应用项目和网络建设。工信部开展量子保密通信应用评估与产业研究，大力支持和引导量子信息技术国际与国内标准化研究。

从中国在量子信息领域的发展情况来看，我们在量子通信领域主要机构的成果与国际先进水平基本同步，在量子保密通信试点建设、网络建设和星地量子通信等方面处于世界领先，其中在量子保密通信基本形成了产业体系（如表1—3所示）；在量子计算领域也已经取得了多项领先世界的研究成果，除了研究机构之外，阿里、腾讯、百度和华为也都在投入硬件平台、软件算法等方面的研究；在量子精密测量领域，如量子陀螺、重力仪、磁力计、时间基准等领域开展了大量研究，同国际先进水平的差距正在缩小。

表1—3　我国量子通信技术处于世界领先水平

时间	事件
2007 年	首次将光纤量子通信的安全距离突破 100 公里
2008 年	建成第一个全通型城域量子通信网络
2012 年	建成首个规模化城域量子通信网络——合肥城域量子通信试验示范网
2013 年	第一个以实际应用为目标的大型量子通信网络——济南量子通信试验网投入使用
2015 年	首次实现多自由度量子隐形传态
2016 年	实现国际上综合性能最优的长寿命、高读出效率的冷原子量子存储
2016 年	国际上首颗量子科学实验卫星"墨子号"成功发射
2017 年	国际上首条千公里级光纤量子保密通信骨干网"京沪干线"正式投入运行，并结合"墨子号"量子卫星首次实现洲际量子保密视频通话
2019 年	在国际上首次成功实现高维度量子体系的隐形传态

续　表

时间	事　件
2019 年	全球首个可移动量子卫星地面站与"墨子号"卫星对接成功
2020 年	实现 500km 级别真实环境光纤的双场量子密钥分发和相位匹配量子密钥分发，实现相距 50km 量子存储器间的纠缠

表 1—4　世界主要国家支持量子技术发展政策汇总

时间	国家	政策文件	主要内容
2015 年 12 月	中国	习近平对《中共中央关于制定国民经济和社会发展第十三个五年规划的建议》做出说明	在航空发动机、量子通信、智能制造等领域再部署一批体现国家战略意图的重大科技项目
2016 年 3 月		《中国国民经济和社会发展第十三个五年规划纲要》	加强前瞻布局，着力构建量子通信和泛在安全物联网，打造未来发展新优势
2016 年 5 月		中共中央、国务院印发《国家创新驱动发展战略纲要》	在量子通信、信息网络等领域，充分论证，把准方向，明确重点，再部署一批体现国家战略意图的重大科技项目和工程
2016 年 7 月		国务院关于印发《"十三五"国家科技创新规划》的通知	力争在量子通信与量子计算等重点方向率先突破
2016 年 8 月		《中国科学院"十三五"发展规划纲要》	加强核心器件的自主研发，加强与经典网络的融合（如云加密等），推动标准制定，开展城域量子通信、城际量子通信、卫星量子通信关键技术研发，初步形成构建空地一体广域量子通信网络体系的能力，并在全天时卫星量子通信技术上取得突破

续　表

时间	国家	政策文件	主要内容
2016 年 11 月	中国	国务院关于印发《"十三五"国家战略性新兴产业发展规划》的通知	加强关键技术和产品研发，持续推动量子密钥技术应用
2017 年 5 月		科技部联合四部委印发《关于印发"十三五"国家基础研究专项规划的通知》	面向多用户联网的量子通信关键技术和成套设备，率先突破量子保密通信技术，建设超远距离光纤量子通信网，开展星地量子通信系统研究，构建完整的空地一体广域量子通信网络体系，与经典通信网络实现无缝链接
2017 年 11 月		发改委《关于组织实施2018 年新一代信息基础设施建设工程的通知》	提出国家广域量子保密通信骨干网络建设一期工程
2018 年 3 月		政府工作报告肯定量子通信发展成果	将量子通信与载人航天、深海探测、大飞机并列为重大创新成果，认可量子通信行业地位和发展成果
2019 年 12 月		中共中央、国务院印发《长江三角洲区域一体化发展规划纲要》	指出加快量子通信产业发展，统筹布局和规划建设量子保密通信干线网，实现与国家广域量子保密通信骨干网络无缝对接，开展量子通信应用试点
2020 年 12 月		《中共中央关于制定国民经济和社会发展第十四个五年规划和二○三五年远景目标的建议》	指出瞄准量子信息等前沿领域，实施一批具有前瞻性、战略性的国家重大科技项目
2002 年	美国	美国国防部高级研究计划局制定《量子信息科学和技术发展规划》	给出量子计算发展的主要步骤和时间表，成为美国早在 21 世纪初期便已建立量子信息领域先发优势的重要原因
2016 年 7 月		美国国家科学技术委员会发布《推动量子信息科学：国家挑战及机遇》	建议美国将量子信息科学作为联邦政府投资的优先事项，呼吁政产研通力合作，确保美国在该领域的领导地位，增强国家安全与经济竞争力

续　表

时间	国家	政策文件	主要内容
2018 年 6 月	美国	《国家量子计划法案》	计划在 2019—2023 年的第一阶段，在原有基础上每年新增 2.55 亿美元投资，共计 12.75 亿美元，加快推动量子信息技术研发与应用。这也标志着在接下来的 10 年内，联邦政府将全力推动量子科学发展
2018 年 9 月		《量子信息科学国家战略纲要概述》	分析美国在该领域维持和扩大领先优势的措施，其中提出 6 点科学建议，包括量子信息科学教育应从小学开始。同时，美国能源部宣布将成立多个国家级实验室，投入 2.18 亿美元到 85 个量子信息科学领域的研究项目，并在未来五年内，每年为每个实验室拨款 2500 万美元。美国国家科学基金会则承诺投入 3100 万美元资助相关的研究项目
2018 年 11 月		出台针对关键新兴和基础技术和相关产品的出口管制框架《受管制的新兴技术清单征求意见草案》	《美国出口管制改革法案》立法进程的重要一环。这次提案涉及人工智能、AI 芯片、机器人、量子技术等 14 个领域，目的是保证美国在科技、工程和制造领域的领导地位不受影响
2020 年 2 月		《特朗普总统 2021 财年预算承诺增加对未来关键行业的投资》	提到对于量子信息科学，特朗普将加大 2021 财年联邦量子信息研发资金预算，主要机构的总投资相对于 2020 财年预算增长了 50% 以上
2020 年 2 月		美国白宫国家量子协调办公室发布《美国量子网络战略愿景》	提出美国将开辟量子互联网，确保量子信息科学惠及大众
2020 年 7 月		美国能源部公布《量子互联网发展战略蓝图》	确保美国处于全球量子竞赛的前列，引领通信新时代。该报告为国家量子倡议法案的顺利施行提供了行动路线

续　表

时间	国家	政策文件	主要内容
2010 年	欧盟	《量子信息处理和通信：欧洲研究现状、愿景与目标战略报告》	提出了欧洲未来 5 年和 10 年量子信息的发展目标，将重点发展量子中继和卫星量子通信，实现 1000 公里量级的量子密钥分发
2016 年 3 月		"量子宣言"旗舰计划	从 2018 年起的未来 10 年投资 10 亿欧元的量子技术旗舰研究计划，成员国追加配套；于于 2018 年 10 月底启动约 2 亿欧元和 20 个研究项目，目标包括发展能用于密码术和窃听检测的量子中继器的核心技术，实现长距离、点对点、量子安全的链接
2018 年 9 月		德国提出"量子技术—从基础到市场"框架计划	拟于 2022 年前投资 6.5 亿欧元促进量子技术发展与应用，并可延长资助至 2028 年
2014 年	英国	设立为期 5 年的"国家量子技术计划"	投资 2.7 亿英镑建立量子通信、传感、成像和计算四大研发中心，开展学术与应用研究
2015 年		《量子技术国家战略》《英国量子技术路线图》	将量子技术发展提升至影响未来国家创新力和国际竞争力的重要战略地位。"路线图"给出量子计算机、量子传感器和量子通信在内的每项量子技术可能的商业化时间和发展路线图
2018 年 9 月		与新加坡合作开展"量子空间技术开发计划"	此项计划价值 1000 万英镑，将建立和发射卫星量子密钥分发试验台，新加坡和英国将开发基于立方星标准的"量子密钥分发立方星"，该卫星将使用先进的量子密钥分发技术测试加密密钥在全球范围内的安全分布
2018 年 11 月		《国家量子技术计划》	进行第二阶段 2.35 亿英镑投资拨款

续　表

时间	国家	政策文件	主要内容
2019 年 6 月	英国	——	在政府和工业界联合投资 3.5 亿英镑之后，英国研究与创新基金会宣称将通过"产业战略挑战基金"再增加 1.53 亿英镑资金用于量子技术的商业化。至此，英国政府对其 2014 年推出的"国家量子技术计划"的总投入超过了 10 亿英镑
2021 年 1 月	法国	法国总统马克龙宣布启动法国量子技术国家战略	计划 5 年内在量子科学领域投资 18 亿欧元，使法国跻身量子领域的"世界前三"
2013 年	日本	文部科学省成立量子信息和通信研究促进会以及量子科学技术研究开发机构	计划未来十年内投资 400 亿日元（约 24 亿元人民币），支持量子通信和量子信息领域发展
2014 年 12 月	韩国	《量子信息通信中长期推进战略》	计划到 2020 年进入全球量子通信领先国家行列
2018 年	印度	科学技术部管理	启动了一个预算 2790 万美元，为期五年的量子技术研究项目，作为印度"国家跨学科网络物理系统"的一部分，由印度国家科技部管理
2020 年 2 月		——	未来五年，印度将在量子计算、量子通信、量子材料、量子加密方面投入重金 800 亿卢比，约合 11.2 亿美元
2019 年 12 月	俄罗斯	——	宣布将投资 7.9 亿美元，在未来五年内为俄罗斯研究人员提供资金，以开发使用的量子计算，并实现量子优势

　　2016 年 5 月在欧洲量子技术研发旗舰计划启动会议上，由荷兰政府所做的全球研发投入数据统计，全球在量子技术上研发投入的

年度预算排名靠前的国家和地区分别为欧盟 5.8 亿美元、美国 3.8 亿美元、中国 2.3 亿美元、英国 1.1 亿美元、加拿大 1 亿美元。对比此前各国在量子信息领域的投入预算来看,除了中美欧在持续加大投入以外,俄罗斯和印度也新加入这一科技领域的角逐中。

伴随着量子比特数的增加,量子技术领域的发展可以划分为三个阶段:

ⅰ. 1—10 个量子比特,可实现量子通讯;

ⅱ. 10—100 个量子比特,可实现量子感知;

ⅲ. 超过 100 个量子比特,进入量子计算阶段。

而当前人类的研究已经进入了量子感知阶段,量子通信目前已经有了一些实际的应用,而量子计算还仅仅处于演示阶段,未创造出有实用价值的量子计算机。在量子信息的几大应用中,量子保密通信是目前唯一进入实用阶段的量子信息应用。

表 1—5 量子信息主要研究进展及重要事件

时间	国别	分类	内 容
1984 年	美国 加拿大	量子保密通信	美国科学家 Charles H. Bennett 和加拿大科学家 Gilles Brassard 提出 BB84 协议
1994 年	美国	量子因数分解	肖尔发明了一种因数分解的量子算法,可以将因数分解计算量减少到多项式级别
1996 年	美国	量子搜索	罗格弗提出了一种搜索的量子算法,对经典算法的计算量有了指数级的改进
1997 年	奥地利	量子隐形传态	赛格林、潘建伟等在《自然》上发表了《实验量子隐形传态》,第一次实现了量子隐性传态,并入选了《自然》"百年物理学 21 篇经典论文"

时间	国别	分类	内　容
2003—2005 年	韩国 加拿大 中国	——	韩国、加拿大、中国科学家提出了诱骗态协议，使得安全传输距离可以提高到百公里的量级
2007 年	中国 澳大利亚	量子因数分解	中科大潘建伟和陆朝阳等人及澳大利亚布利斯班大学团队同时用量子算法分解了质因数 $15 = 3 \times 5$
2012 年	中国	量子保密通信	中科院潘建伟团队在青海湖的湖心岛实现了百公里级的双向量子纠缠分发和量子隐形传态，验证了量子通信卫星的可行性
2015 年	中国	量子隐形传态	潘建伟和陆朝阳等人在《自然》上发表了《单个光子的多个自由度的量子隐形传态》，首次实现了多自由度量子隐性传态，并被英国物理学会评为 2015 年十大物理突破之首
2016 年 8 月	中国	量子保密通信	我国发射世界第一颗量子科学实验卫星"墨子号"
2016 年 11 月	中国	量子保密通信	中科大、清华、中科院上海微系统与信息技术研究所、济南量子技术研究院等单位合作，将量子密码术的安全传输距离提高到了 404 公里，而且在 102 公里处的安全成码率已经足以保证安全的语音通话
2016 年 12 月	中国	量子纠缠	中科大潘建伟团队实现了 10 个光子比特和 10 个超导量子比特的纠缠，刷新了以前同一研究组创造的 8 个光子纠缠的世界纪录
2017 年	中国	量子因数分解	中科大杜江峰和彭新华等人实验上分解了 $291311 = 523 \times 557$
2017 年 5 月	中国	量子计算机	中科大潘建伟和陆朝阳等人宣布造出了世界上第一台超越早期电子计算机的光量子计算机

时间	国别	分类	内　　容
2017 年 6 月	中国	量子纠缠	中科大潘建伟、彭承志等人在《科学》上发表文章，宣布在国际上首次实现了千公里级的星地双向量子纠缠分发
2017 年 8 月	中国	——	中科大潘建伟、彭承志等人在《自然》上发表文章，宣布在国际上首次实现了从卫星到地面的量子密钥分发和从地面到卫星的量子隐形传态
2017 年 9 月	中国	量子保密通信	中国开通了世界上第一条量子保密通信干线——"京沪干线"
2018 年 7 月	中国	量子纠缠	中科大潘建伟团队实现了 18 个光量子比特的纠缠态，刷新了以前同一研究组创造的 10 个光子纠缠的世界纪录
2019 年 7 月	中国	量子保密通信	中科院潘建伟、陈宇翱、徐飞虎等人在《自然·光子学》上发表《没有量子存储的量子中继》，宣布在世界上首次实现了全光量子中继
2019 年 9 月	中国	量子保密通信	2019 年 9 月，中科大、清华、中科院上海微系统所等单位合作，在 300 公里真实环境的光纤中实现了双场量子密钥分发实验，验证了 700 公里以上光纤远距离量子密钥分发的可行性，是实用双场量子密钥分发的重要里程碑
2019 年 10 月	美国	量子计算机	谷歌研究院在《自然》上发表文章，宣布新的 53 位量子计算机 Sycamore 处理器可以在 200 秒内运行需要全球最庞大的超级计算机耗时 10000 年才能完成的测试，实现了所谓的"量子霸权"
2019 年 12 月	美国	量子因数分解	由 IBM 创造了量子因数分解的最新纪录，可以将 1099551473989 分解成 1048589 × 1048601

时间	国别	分类	内　容
2020 年 2 月	美国	——	IBM 推出了 53 量子比特的量子计算机，并计划向外部用户开放使用
2020 年 3 月	中国	量子保密通信	2020 年 3 月，中科大、清华、济南量子技术研究院等单位合作，首次实现 500 公里级真实环境光纤的双量子密钥分发和相位匹配量子密钥分发，传输距离达到 509 公里
2020 年 12 月	中国	量子计算机	中国科大潘建伟、陆朝阳等实现了 76 个光子的量子计算原型机"九章"。根据现有理论，"九章"处理高斯玻色取样的速度比目前最快的超级计算机快一百万亿倍，使得我国成功达到了"量子计算优越性"（即谷歌宣称的"量子霸权"）这一里程碑

第三节　量子信息技术标准化研究
受到重视并加速发展

　　近年来，全球范围内量子信息技术领域的样机研究、试点应用和产业化迅速发展，随着量子计算、量子通信和量子精密测量等领域新兴应用的演进，在术语定义、性能评价、系统模块、接口协议、网络架构和管理运维等方面的标准化需求也开始逐渐显现。

　　国际标准化组织纷纷成立量子信息技术相关研究组和标准项目并开展工作，2018年以来相关布局与研究工作明显提速。欧洲多国在完成量子密钥分发现网实验之后，欧洲电信标准化协会（European Telecommunications Standards Institute）成立ISG-QKD标准组，已发布术语定义、系统器件、应用接口、安全证明、部署参数等9项技术规范，另有9项在研究中。国际标准化组织和国际电工委员会的第一联合技术委员会（ISO/IEC JTC1）成立了有我国专家参与的量子计算研究组（SG2）和咨询组（AG），发布了量子计算研究报告和技术趋势报告，同时在信息安全分技术委员会（SC27）立项由我国专家牵头的量子密钥分发安全要求与测试、评估方法标准项目（项目名称为 Security requirements, test and evaluation methods for quantum key distribution）。国际电气和电子工程师协会（Institute of Electrical and Electronics Engineers）启动了量子技术术语定义、量子计算性能指标和软件定义量子通信协议等 3 个研究项目。国际互联网工程任务组（The Internet Engineering Task Force）成立了量子互联网研究组（Quantum Internet Research Group）开展量子互联网路由、资源分配、连接建立、互操作和安全性等方面的初步研究。

国际电信联盟电信标准化部门（ITU Telecommunication Standardization Sector）对量子信息技术发展演进及其未来对信息通信网络与产业的影响保持高度关注。未来网络研究组（SG13）已开展量子密钥分发网络的基本框架、功能架构、密钥管理和软件定义控制等方面研究项目，网络安全研究组（SG17）则在量子密钥分发网络安全要求、密钥管理安全要求、可信节点安全要求、加密功能要求等方面开展研究，我国部门成员和学术成员担任部分标准编辑人并做出重要技术贡献。此外，我国还推动在 ITU-T 成立面向网络的量子信息技术研究焦点组（FG-QIT4N），全面开展量子信息技术标准化研究工作。2019 年 6 月，在上海成功举办了首届 ITU 量子信息技术国际研讨会，广泛邀请全球研究机构和科技公司的专家学者，对量子计算、量子通信、量子精密测量、量子信息网络（Quantum Information Network）等议题开展交流和讨论。2019 年 9 月，FG-QIT4N 在电信标准化顾问组（the Telecommunication Standardization Advisory Group）全会期间正式成立，由中俄美专家共同担任主席，计划在焦点组研究期内，对量子密钥分发网络和 QIN 等相关议题开展标准化预研，为 ITU-T 下一个研究期的量子信息技术标准研究工作奠定基础并提供建议。

标准化是量子通信从实用化迈向产业化发展的关键一步。我国在量子保密通信技术研究和应用发展具备较好的研究基础和实践积累，开展标准研究和制定工作的需求和条件较为成熟，相关工作也正逐步开展。2017年6月，在中国科学院控股有限公司牵头发起下，中国通信标准化协会（China Communications Standards Association）专门成立了量子通信与信息技术特设任务组（ST7）（如表1—6所示），来抢占国际竞争和产业发展的制高点，目前已经围绕应用场景、网络架构、安全性等开展了29项标准研制工作。

表1—6　中国通信标准化协会量子通信与信息技术特设任务组

组织结构	家数	成员单位
组长单位		国科量子（组长）、中国信息通信研究院（副组长）
量子通信工作组组长单位		组长：国盾量子 副组长：中国信息通信研究院、中国移动、中国电信、中国联通
量子信息处理工作组组长单位		组长：济南量子技术研究院 副组长：中国信息通信研究院、中兴通讯、国科量子
成员单位	50	国科量子、国盾量子、九州量子、中创为、问天量子、亨通问天、如般量子、神州国信、神州网络、循态信息、国开启科、上海交通大学、北京邮电大学、济南量子技术研究院、山东量子科学技术研究院、华为、中兴通讯、新华三、诺基亚、爱立信、大唐电信、普天信息、皖通邮电、中兴新地、天邑股份、凌云光子、三星、苹果、英特尔、维沃移动、阿里巴巴、腾讯、是德科技、科华恒盛、天衢量子、中国网安、中国铁塔、中国联通、中国电信、中国移动、中国移动设计院、中国信息通信研究院、中国信息通信科技集团、中国通信建设集团设计院、广东省电信规划设计院、数据通信科学技术研究所、华信咨询、上海邮电设计咨询研究院、中通服、中讯邮电

　　协会开展量子保密通信和网络以及量子信息技术关键器件的标准化研究，截至2021年2月已完成10项研究报告，并开展量子保

密通信术语定义和应用场景，量子密钥分发系统技术要求、测试方法和应用接口等国家标准和行业标准的制定，已完成 2 项国家标准和 4 项行业标准。量子密钥分发技术还涉及密码的产生、管理和使用，中国密码行业标准化技术委员会（Cryptography Standardization Technical Committee）也开展了量子密钥分发技术规范和测评体系等密码行业标准的研究。量子保密通信标准规范研究逐步取得实质性进展，将有效引导和支撑量子保密通信产业发展。2019 年 1 月，量子计算与测量标准化技术委员会（TC578）正式成立，计划开展量子计算和量子精密测量领域的标准化研究工作。

第二章

量子计算技术与
应用发展

计算能力是信息化发展的核心，随着社会经济对信息处理需求的不断提高，以半导体大规模集成电路为基础的经典计算性能提升或将面临瓶颈。量子计算是基于量子力学的新型计算方式，利用量子叠加和干涉等物理特性，以微观粒子构成的量子比特（qubit）为基本单元，通过量子态的受控演化实现数据的存储计算。

一个量子比特可以表示 0 也可以表示 1，更可以表示 0 和 1 的叠加，即可处在 0 和 1 两种状态按照任意比例的叠加（但是在运行过后才能保护好量子的叠加性和相干性），因此量子比特包含的信息量远超过只能表示 0 和 1 的经典比特。随着量子比特数量增加，量子计算算力可呈指数级规模拓展，理论上具有经典计算无法比拟的巨大信息携带和超强并行处理能力，以及攻克经典计算无解难题的巨大潜力。

量子计算技术所带来的算力飞跃，有可能在未来引发改变游戏规则的计算革命，成为推动科学技术加速发展演进的"触发器"和"催化剂"。未来可能在实现特定计算问题求解的专用量子计算处理器，用于分子结构和量子体系模拟的量子模拟机，以及用于机器学习和大数据集优化等应用的量子计算新算法等方面率先取得突破。一旦取得突破，将对包括基础科研、新型材料与医药研发、信息安全与人工智能等在内的经济社会的诸多领域产生颠覆性影响，其发展与应用对国家科技发展和产业转型升级具有重要促进作用。

第一节　量子计算技术发展历程

量子计算研究始于 20 世纪 80 年代，经历了由科研机构主导的基础理论探索和编码算法研究阶段，目前已进入由产业和学术界共同合作的工程实验验证和原理样机攻关阶段（如表2—1 所示）。

表2—1　量子计算技术发展历程

基础理论探索	1980 年	Paul Benioff 首先提出制造量子计算图灵机的理论
	1982 年	Feynman 提出用量子系统模拟另一个量子系统，即用量子系统处理信息的设想
	1985 年	Deutsch 算法展示量子计算并行性
编码算法阶段	1994 年	Shor 算法——大数质因子分解的量子算法
	1995 年	Grover 无序数据库搜索算法，Shor 量子纠错码
	1996 年	Steane 提出量子纠错编码算法
	2000 年	IBM 的科学家 David DiVincenzo 提出建造量子计算机的五个要求和两个辅助条件
技术验证及原理样机研制阶段	2007 年	加拿大 D-Wave 系统公司宣布研制成功16 位量子比特的超导量子计算机
	2013 年	D-Wave 研制 512 量子位第二代量子退火模拟机 D-Wave Two
	2016 年	IBM 推出 5 量子比特的量子计算云服务
	2017 年	IBM 量子计算机平台 IBM Q 发布 50 量子比特的量子计算机原理样机
	2019 年	中国科学技术大学研制出 24 个超导量子比特处理器，并开展量子多体系统动力学问题的模拟研究
	2020 年	中国科学技术大学实现 76 个光子的量子计算原型机"九章"，首次在光量子计算领域超越经典超级计算机

第二节　量子计算关键技术

量子计算包含量子处理器、量子编码、量子算法和软件等关键技术，以及外围保障和上层应用等多个环节。

一、量子处理器

量子处理器是制备和操纵量子物理比特的平台，量子处理器的物理比特实现仍是量子计算技术的主要研究热点和核心瓶颈，主要方向包含超导（目前进展最好最快的一种固体量子计算实现方法）、离子阱（同样相对领先的实现方法）、半导体硅量子点、中性原子、量子光学、金刚石色心和拓扑量子计算等多种技术路线（如表2—2所示）。常用衡量量子处理器性能的单位包括量子比特数量和量子体积。目前，技术路线仍然没有统一，不同的公司和科研机构尝试着不同的技术方案。

表2—2　量子计算机的主流技术路线

	超导	离子阱	半导体硅量子点	线性光学	拓扑量子计算
原理	通过微纳加工技术实现的具有非线性谐振子能级结构的人造原子，可使用微波脉冲技术实现对其进行量子操控	离子的量子能取决于电子的位置；使用精心调整的激光可以冷却并困住这些离子，使它们进入叠加态	通过向纯硅加入电子，科学家们造出了这种人造原子；微波控制着电子的量子态	利用单光子的极化、路径、轨道角动量等自由度进行编码，通过分束器、移相器等组合实现的网络，实现量子计算算法和任务	电子通过半导体结构时会出现准粒子，它们的交叉路径可以用来编写量子信息

	超导	离子阱	半导体硅量子点	线性光学	拓扑量子计算
比特操作方式	全电	全光	全电	全光	N/A
量子比特数	128	79	20	18	从0到1的过程中
相干时间	约50微秒	大于1000秒	约100微秒	长	受拓扑保护，理论上可以无限长
双量子比特门保真度	99.4%	99.9%	98%	97%	理论上可以到100%
双量子比特门操作时间	~50ns	~10μs	~100ns	N/A	N/A
可实现门数	~10^3个	~10^8	~10^3个	N/A	N/A
主频	~20Mhz	~100Khz	~10Mhz	N/A	N/A
业界支持	国外：谷歌、IBM、英特尔、Quantum Circuits、Rigetti 国内：本源量子、浙大、南大、北京量子院、中国科大	国外：IonQ、NIST、霍尼韦尔 国内：清华大学、中国科学技术大学	国外：英特尔、普林斯顿、代尔夫特 国内：本源量子、中国科学技术大学	国外：Xanadu、麻省理工学院 国内：中国科学技术大学	国外：微软、代尔夫特 国内：清华、北大、物理所
优势	电路设计定制的可控性强，可扩展性优良，可依托成熟的现有集成电路工艺	量子比特品质高，相干时间长，量子比特制备和读出效率较高	可扩展性好，易集成，与现有半导体芯片工艺完全兼容	相干时间长、操控手段简单、与光纤和集成光学技术相容、扩展性好	对环境干扰、噪声、杂质有很大的抵抗能力
需突破点	极为苛刻（超低温）的物理环境	可扩展性差，小型化难	相干时间较短，纠缠数量少，必须保持低温	量子比特之间的逻辑门操作难	尚停留在理论层面，无器件化实现

　　超导路线方面，中国科学技术大学潘建伟团队于 2016 年 12 月首次实现 10 个光子比特和 10 个超导量子比特的纠缠；IBM 在 2017 年 11 月首次构建了 50 位量子比特的处理器；英特尔在 2018 年初推出 49 位量子比特超导量子测试芯片"Tangle Lake"；谷歌在 2018 年 3 月推出 72 位量子比特处理器 Bristlecone，Rigetti Computing 于同年 8 月宣布正在构建更强大的 128 量子位量子计算系统（如图 2—1 所示）；中国科学技术大学在 2019 年已实现 24 位超导量子比特处理器，并进行多体量子系统模拟；清华大学利用单量子比特实现了精度为 98.8% 的量子生成对抗网络，未来可应用于图像生成等领域；2019 年 4 月潘建伟团队首次实现 12 个超导比特的纠缠，于同年 8 月实现 24 位量子比特处理器并进行多体量子系统模拟。量子比特间的纠缠或连接程度是影响量子计算处理能力的重要因素之一，目前报道的处理器结构设计和量子比特纠缠程度不尽统一，大部分并未实现全局纠缠。

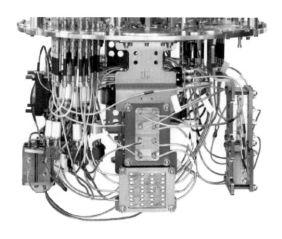

图 2—1　Rigetti 量子计算机

离子阱路线方面，美国初创企业 IonQ 已实现 79 位处理量子比特和 160 位存储量子比特；2020 年 6 月霍尼韦尔发布 64 个量子体积的基于离子阱技术的量子计算机后，10 月又突破了 128 个量子体积。

半导体硅量子点路线方面，新南威尔士大学报道了保真度为 99.96％的单比特逻辑门和保真度为 98％的双比特逻辑门，中国科学技术大学也实现了高保真的单比特逻辑门；2019 年 3 月，英特尔、Bluefors 和 Afore 合作推出量子低温晶圆探针测试工具，加速硅量子比特测试过程。此外，中国本源量子研发了适用于 20 位量子比特的量子测控一体机，用于提供量子处理器芯片运行所需要的关键信号，实现量子芯片操控。

量子光学路线方面，2017 年 5 月中国科学技术大学潘建伟和陆朝阳等人宣布造出了世界上第一台超越早期电子计算机的光量子计算机；中国科学技术大学于 2018 年 7 月已实现 18 位光量子纠缠操控，处于国际领先地位。2020 年 12 月，潘建伟、陆朝阳等组成的研究团队与中科院上海微系统所、国家并行计算机工程技术研究中心合作，构建了 76 个光子的量子计算原型机"九章"，实现了具有实用前景的"高斯玻色取样"任务的快速求解。

中性原子路线方面，中国科学院詹明生研究员团队于 2018 年 12 月在国际上首次实现了保真度超过 99.99％、错误率低于 0.01％的原子量子态操控。

拓扑量子计算路线方面，2020 年 9 月微软与哥本哈根大学合作产生了制作拓扑量子计算机的新材料，是微软研究拓扑量子计算机数十年来取得的重大进展。

现阶段，科学家认为量子计算物理平台中的超导计算机和离子阱计算机路线相对领先，可能有望最先实现商业化应用，但尚无任何一种路线能够完全满足量子计算技术实用化的 DiVincenzo 条件并趋向技术路线收敛，包括（1）可定义量子比特，（2）量子比特有足够的相干时间，（3）量子比特可以初始化，（4）可以实现通用的量子门集合，（5）量子比特可以被读出。为充分利用每种技术的优势，未来的量子计算机也可能是多种路线并存的混合体系。

二、量子编码

量子比特分为物理比特和逻辑比特。由于噪声的客观存在，以及物理比特的稳定性存在一定瑕疵，因而只能通过对数个物理比特做冗余处理，最后生成了一个逻辑比特。一般来说，噪声越小的系统就可以使用越少的物理比特编码一个逻辑比特。因此，相对于物理比特，逻辑比特有较好的容错特性。[1]

量子编码的意义在于能够形成类似经典计算机 0 和 1 的概念，是解决量子相干难题、基于多个脆弱的"物理比特"构造成能够纠错和容错的"逻辑比特"的关键使能技术。若想建成具备通用性的标准量子计算机，就必须能够做出逻辑比特，现有量子纠错编码存在阈值高、效率低的问题，目前全球尚未有任何一家机构突破实现第一个"逻辑比特"的编码。

目前最大的超级计算机包含 4 万 ~ 5 万 CPU，每个 CPU 包含几

---

[1] 《谷歌最新量子计算机比特数全球第一，为什么说宣传有水分》，https：//www. guancha. cn/tieliu/2018_ 03_ 09_ 449492_ s. shtml.

十亿晶体管。而理论上，60 个理想逻辑比特组成的量子计算机，可以达到经典超算的算力，但是按照目前技术水平，上百万个物理比特才能构成一个逻辑比特，而逻辑比特的实现任重道远。

三、量子算法和软件

算法和软件是硬件处理器充分发挥量子计算能力和解决实际问题的并行处理能力结合的映射和桥梁。量子计算相比于经典计算的加速能力与量子算法息息相关，例如 Shor 算法和 Grover 算法在密码破译和数据搜索问题上可分别实现指数级和平方根级加速。然而量子算法的开发需紧密结合量子叠加、纠缠等物理特性，不能直接移植经典算法。目前，量子计算算法的数量有限，只在部分经典计算难以解决的复杂问题上存在潜在优势，并非普适于解决所有问题。

第三节　量子计算机的发展

一、量子计算机的基本原理

量子计算机（Quantum Computer）是一类遵循量子叠加态等原理进行高速数学和逻辑运算、存储及处理量子信息的物理装置。量子态叠加原理是量子力学的基本原理之一，其可以参考奥地利著名物理学家薛定谔（Erwin Schrödinger）的思想实验"薛定谔的猫"（Erwin Schrödinger's cat）形象理解，即和镭、氰化物关在一个箱子里的猫在观察者打开箱子之前因无法观察，既不能说是存活也不能说是死亡，而是存活和死亡的叠加态。量子态叠加原理使得量子计算机测量后的每个量子比特能够以一定概率显示二进制中的 0 和 1 的结果（如图 2—2 所示），从而相较经典计算机算力发生爆发式增

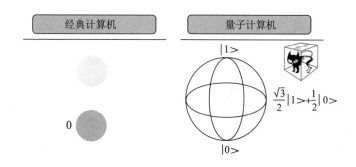

图2—2　经典比特和量子比特对比①

————————————

① 郭国平、陈昭昀、郭光灿：《量子计算与编程入门》，科学出版社 2019 年版。

长，形成"量子优越性"。

经典计算机使用晶体管作为比特，以晶体管的开闭状态分别表示 0 和 1；量子计算机使用两态量子系统比如电子的自旋、光的偏振等作为量子比特，由于量子态叠加原理能够同时表示 0 和 1，量子比特相较经典比特包含更多信息，且呈幂指数级别增长，算力也将以指数的指数增长（如图 2—3 所示）。

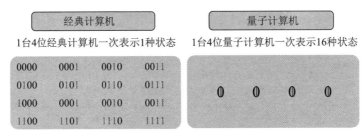

1台n位经典计算机一次代表1种状态，1台n位量子计算机一次表示2^n种状态。理论上，1台n位的量子计算机算力=2^n台n位的经典计算机算力。

图2—3　量子计算机利用量子态叠加原理

量子计算机通过量子逻辑门对量子态进行操作，类似于经典计算中基本的与门（AND Gate）、或门（OR Gate）、非门（NOT Gate），量子计算中基本的量子门有阿达马门（Hadamard Gate）、受控非门（Controlled-NOT Gate）等（如图2—4所示）。

根据量子力学，量子系统在经过"测量"之后就会坍缩为经典状态。以"薛定谔的猫"实验为例，当我们打开密闭容器后，猫就不再处于叠加状态，而是死猫或者活猫的唯一状态。同样，量子计算机在经过量子算法运算后每一次测量都会得到唯一确定的结果，且每一次结果都有可能不相同。根据基础的量子门，科学家可以开发出相应的量子算法（如图2—5所示）。

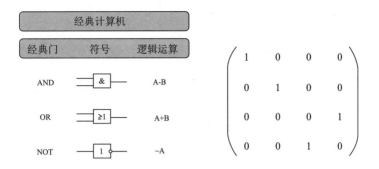

图2—4 量子门与经典门对比

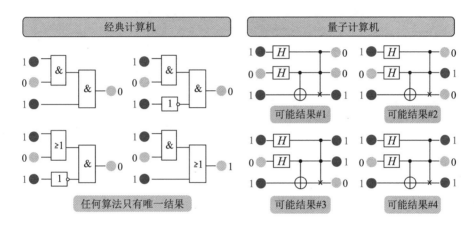

图2—5 量子计算机测量结果有多种可能性

因而，基于量子纠缠的原理，量子计算机可以同时进行多条线路的并行运算，这意味着它可以同时分析所有可能性，这也是量子计算机超强信息处理能力的源泉。虽然量子计算机每一次的测量结果都类似"上帝掷骰子"会发生不同，但是只要量子算法设计合理，量子计算机运算结果中出现概率最大的结果就是正确结果。面对较为复杂的计算问题，经典算法需要进行各态遍历等重复操作，算法的复杂度较高，而量子算法则能较快得到结果，只需少数测量取样得到计算结果概率即可知道正确结果。

量子计算机的一般工作原理分为数据输入、制备初态、幺正操作、量子精密测量、输出结果等几个步骤，其中幺正操作需要使用量子算法进行量子编程，具体工作原理流程如图2—6所示。

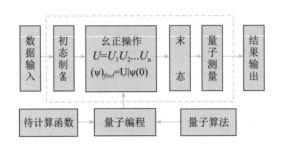

图2—6　量子计算机工作原理流程图

二、量子计算机的发展历程

量子计算机相比传统计算机在并行计算和量子模拟上具备天然优势，未来将逐步应用于需要进行大计算量的领域，如破解经典加密通信、药物设计、交通治理、天气预测、人工智能、太空探索等领域。

而回溯量子计算机的发展历程，1920年爱因斯坦等人首次创立量子力学。1981年，诺贝尔物理学家费曼首次提出量子计算机的概念，指出通过应用量子力学效应，能大幅提高计算机的运算速度。1994年贝尔实验室的科学家彼得·绍尔提出了著名的绍尔算法，对质因数分解这一问题的求解速度相比经典算法能够带来指数级的加速。这就意味着经典计算机需要几十亿年才能破译的密码，量子计算机在20分钟内即可破译。

自此，各界发现量子计算机的可行性，往后的十几年内，大量资本开始进入量子计算研究领域，量子计算机逐步由"实验室阶段"

向"工程应用阶段"迈进。2007 年加拿大初创企业 D-Wave 宣布研制成功 16 位量子比特的超导量子计算机；之后，微软、谷歌、IBM、英特尔等巨头纷纷宣布进军量子计算机科研和应用领域。

表 2—3　国外量子计算机发展历程

阶段	时间	事　件
理论和实验室探究阶段	1920 年	爱因斯坦等人创立量子力学
	1981 年	费曼提出量子计算机的技术概念
	1994 年	贝尔实验室的专家彼得·绍尔提出了著名的绍尔算法，对质因数分解这一问题的求解速度相比经典算法能够带来指数级的加速
	1999 年	麻省理工学院、IBM 和斯坦福、武汉物理教学所、清华大学等研究组实现了 7 个量子比特的量子算法演示
商业投入和工程应用阶段	2007 年	加拿大 D-Wave 系统公司宣布研制成功 16 位量子比特的超导量子计算机
	2009 年	世界首台可编程的通用量子计算机正式在美国诞生
	2012 年	微软研究院成立量子体系结构与计算机研究组
	2013 年	谷歌与 NASA 联合成立量子人工智能实验室，加拿大 D-Wave 系统公司宣称 NASA 和谷歌共同预定了一台采用 512 位量子为的 D-Wave Two 量子计算机
	2015 年	英特尔与代尔夫特理工大学研发基于硅量子点的量子计算机
	2016 年	D-Wave 为谷歌提供了一台 9 量子比特的量子计算机，售价为 1500 万美元
	2017 年	IBM 宣布，今年将推出全球第一个商业化量子计算云服务——IBM Q，这是全球第一个收费的量子计算云服务系统
	2018 年	谷歌公布 72 比特的量子芯片 Bristlecone，并表示已经开始了 72 位量子计算机的测试

阶段	时间	事　件
	2019 年	IBM 发布全球首台专为科学和商业用途设计的独立量子计算机 Q System One，该计算机的计算能力 20 量子比特（即一步可运算 2 的 20 次方）
	2019 年	D-Wave 公司推出其 5000 量子比特计算机的发展蓝图，预计 2020 年进入市场

目前，在各个国家对于量子计算机的研究和应用中，美国在量子计算的综合实力全球领跑，目前已形成了政府、科研机构、产业和投资力量多方协同的良好局面，包括我国在内的其他国家基本上以紧密跟随为主。

三、CPU、GPU、QPU 算法

从 CPU 时代到 GPU 时代再到未来的 QPU 时代，量子算法运算也获得进一步丰富。在解决实际问题的过程中，CPU 的内部结构较为复杂，具有强大的逻辑判断和通用性能，可以处理各种不同类型的数据，并且随时能中断各种数据处理，因此 CPU 可以执行所有的算法，尤其是擅长串行运算，比如将一个问题的若干部分按照顺序依次进行运算，但在执行计算密集型算法效率不高。

GPU 相比 CPU 具有较多的算术逻辑单元（ALU）和较少的 Control、Cache，理论上 GPU 也能执行所有的算法，但 GPU 的访存延迟较大，在执行非计算密集型程序时效率远不及 CPU，所以通常计算机采用 CPU 控制 GPU 的架构，而在并行运算（即将一个问题拆成若干个小问题后，同时对每个小问题的一部分进行运算），例如每个单

元的计算都不依赖于其他单元的计算结果的矩阵运算方面，GPU 的计算效率则要高于 CPU。

QPU 则利用量子叠加性快速遍历问题的各种可能性找到正确答案。目前的 QPU 需要依赖经典芯片（CPU 或者专门设计的量子比特控制芯片）对其进行操作，因此只能执行经过巧妙设计后的量子算法，例如用于分解质因数的 Shor 量子算法以及用于无序数据库搜索的 Grover 量子算法等。

形象地说，CPU 算力随比特数 n 的增长呈线性 n 增长，GPU 算力随比特数 n 的增长呈平方次 n^2 增长，QPU 算力随比特数 n 的增长呈幂指数 2^n 增长，三者的概念原理对比参照如表 2—4 所示。

表 2—4　CPU、GPU、QPU 的概念与原理对比

	经典计算机（采用高、低电平分别表示 1、0 状态）		量子计算机（采用电子、光子等体系同时表示 1、0 状态）
	CPU	GPU	QPU
架构	CPU	CPU ←→GPU	CPU ←→量子比特控制芯片 ←→QPU
功能	执行所有算法	理论上所有算法	量子算法
优势	串行运算，比如运行操作系统、判断较多的运算	并行运算，比如进行图形渲染、人工智能中的卷积网络运算	利用量子态叠加原理实现更高效并行计算，经过巧妙设计后具有实用价值的量子算法，Shor/Grover 等量子算法解决质因数分解/无序数据库搜索等问题在理论上被证明效率优于经典算法
劣势	无法执行密集型运算	几乎不可能用来执行逻辑复杂的算法	具有实用价值的量子算法仍较少

假设针对某一特定问题，CPU、GPU、QPU 都能够解决，若以 N 步数来计算，基于 CPU 开发的经典算法时间复杂度为 O（N^2），经过 GPU 并行计算优化后经典算法时间复杂度降为 O（N），基于 QPU 开发的量子算法利用量子叠加态原理时间复杂度为 O（1）（如图 2—7 所示）。同时，GPU 实际运行过程中由 CPU 向 GPU 传输数据等操作需要消耗一定时间，QPU 实际运行过程中为获得运行结果的概率分布所做的多次观测也需要消耗一定时间，因此在问题规模较小时 CPU 在实际运行过程中依然效率最高，但是随着问题规模的增大，最终运行时间呈现 CPU＞GPU＞QPU 特点。

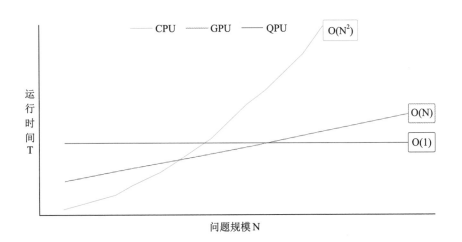

图 2—7　CPU、GPU、QPU 计算效率对比——针对 CPU
算法时间复杂度为 O（N^2）的问题

四、通用量子计算机

通用量子计算机需要上百万甚至更多物理比特，具备容错计算能力，需要量子算法和软件的支撑，其实用化是长期渐进过程。

需要指出的是，现阶段量子计算的研究发展水平距离实用化仍有较大差距。量子计算系统非常脆弱，极易受到材料杂质、环境温度和噪声等外界因素影响而引发退相干效应，使计算准确性受到影响，甚至其计算能力也易遭到破坏。发展速度最快的超导技术路线，在可扩展性、操控时间和保真度等方面也存在局限。此外，可编程通用量子计算机需要大量满足容错阈值的物理量子比特进行纠错处理，克服退相干效应影响，获得可用的逻辑量子比特。

据国内相关专家推算，量子相干时间近期可以提升至 $200 \sim 300\mu s$，远期可以提升至高于 $1ms$，而这也是决定量子计算机能否进入商用的关键参数之一（参见表2—5）。[1]

表2—5 量子比特相干时间（以超导量子计算机为例）

时间	工 艺	相干时间
早期	非晶材料电容	$<1\mu s$
2007 年	采用平面叉指电容	$1—10\mu s$
2013 年	Desgas 工艺	$20—40\mu s$
2014 年	原位高温退火	$50—100\mu s$
2020 年	钽等新材料	$200—300\mu s$
未来	超高真空封装、原位衬底熔炼、同位素富集	$>1ms$

以运行 Shor 算法破译密码为例，要攻破 AES 加密算法需要数千个量子逻辑比特，转换为量子物理比特可能需要数万个或者更多。现有研究报道中的物理量子比特数量和容错能力与实际需求尚有很

---

[1] 《中国计算机学会论坛上5专家激辩：量子计算机 10 年内成熟？中美之间还有5—6 年差距》，http：//news. hexun. com/2020-04-02/200865296. html.

大差距，量子逻辑比特仍未实现。通用量子计算机的商业应用化，业界普遍预计仍需十年以上时间。

五、专用量子计算机

在达到通用量子计算所需的量子比特数量、量子容错能力和工程化条件等要求之前，专用量子计算机或量子模拟器将成为量子计算发展的下一个重要目标。据波士顿咨询公司预测，到 2028 年工程师们将研发出可用于低复杂程度的量子模拟问题的非通用量子计算机。[①]

专用量子计算机被用于解决某些经典计算难以处理的特定问题，只需相对少量物理比特和特定算法，实现相对容易且存在巨大市场需求。谷歌的量子霸权也仅仅是针对某个特定问题实现的。业内专家预测，未来五年左右，美国有可能在模拟、优化等领域的专用量子计算方面率先取得突破。

---

① 《波士顿咨询量子计算重磅报告：2030 年将爆发》，https：//new. qq. com/omn/20180520/20180520A167UE. html.

第四节　量子计算学术专利情况

　　自 20 世纪 90 年代开始，各科技强国开始在量子技术领域加大投入，量子计算专利申请开始出现。从专利申请量来看，量子计算 2000 年之前专利量较少，2001—2011 年期间专利量开始出现缓慢增长，申请主要来自美国和日本（如图 2—8 所示）。2012 年开始，随着欧美科技巨头开始大力投入和持续推动，以及全球各国科技企业和研究机构之间的相互竞争，更加重视量子计算领域的知识产权布局，专利申请数量出现明显增长。

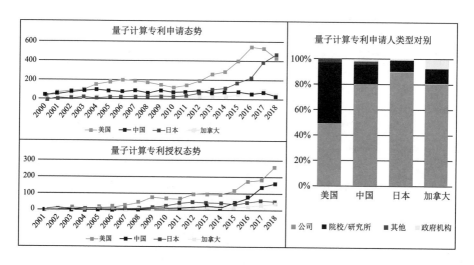

图 2—8　量子计算领域专利申请及授权情况

　　量子计算蕴含较大商业价值，美国在布局时间和申请总量上占有优势，近年来我国量子计算领域专利申请数量的增长趋势加快，一方面是由于国内高校和科研单位越来越重视知识产权，另一方面也源于国外公司在华的专利布局。通过对比中、美、日、加专利申请人的类型可以看出，我国量子计算目前还是以理论研究为主，专利更多地来自高校和科研机构，国内科技企业多倾向与科研院所合作，相关研究工作和知识产权布局大多处于起步阶段。

根据 IncoPat 统计排名，截至 2020 年 9 月 30 日，在全球公开的量子计算技术发明知识产权专利申请数量中，入榜前 100 名企业主要来自 13 个国家和地区，其中美国占 43%，日本占 14%，中国占 12%。其中来自美国的科技公司 IBM 以 554 件专利位列第一，加拿大量子计算公司 D-Wave 以 430 件专利、美国科技公司谷歌以 372 件专利分别排名第二位和第三位，而来自中国的本源量子以 77 件专利排名第七位。专利主要涉及量子计算处理系统及方法、量子线路的运行方法及装置、量子态层析方法及装置、量子程序的转化方法及装置、量子逻辑门的操作优化方法、超导量子处理器及量子测控等技术领域（如表 2—6 所示）。[①]

表 2—6　IPRdaily 全球量子计算技术发明专利排行榜（前 22）

排名	企业简称	国别	在全球公开的量子计算技术发明专利申请量/件	排名	企业简称	国别	在全球公开的量子计算技术发明专利申请量/件
1	IBM	美国	554	12	日本电报电话公司	日本	57
2	D-Wave	加拿大	430	13	1Qbit	加拿大	56

① 《全球量子计算技术发明专利排行榜（TOP100）》，http://www.iprdaily.cn/article_26023.html.

续　表

排名	企业简称	国别	在全球公开的量子计算技术发明专利申请量/件	排名	企业简称	国别	在全球公开的量子计算技术发明专利申请量/件
3	谷歌	美国	372	14	Unisearch	澳大利亚	44
4	微软	美国	262	15	日本电气	日本	40
5	Northrop Grumman	美国	248	16	IonQ	美国	38
6	英特尔	美国	152	17	Bull SAS	法国	36
7	本源量子	中国	77	18	日立	日本	33
8	北悉尼技术与继续教育学院	澳大利亚	76	19	Isis Innovation	英国	33
9	Rigetti	美国	67	20	Equall. Labs	美国	26
10	东芝	日本	67	21	埃森哲	爱尔兰	26
11	惠普	美国	60	22	富士	日本	23

在学术论文方面，随着量子计算从理论走向物理实现，全球研究论文发表量也保持增长态势，特别是在 2018—2019 年研究论文数量激增（如图 2—9 所示）。

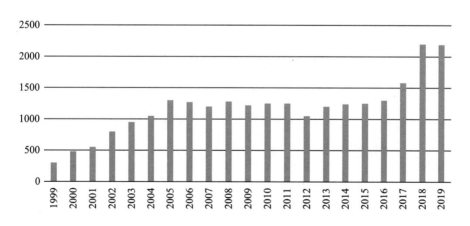

图 2—9　全球量子计算领域研究论文近 20 年发表趋势

从发表论文的研究机构来看，近五年来排名前20的机构中，中国占据3席，分别是中国科学院、中国科学技术大学和清华大学。其中，中国科学院的发文量持续快速上升，过去一年的新增论文数量仅次于美国麻省理工学院和荷兰代尔夫特理工大学。美国量子计算研究重要机构多达10个，除了高校外，IBM、微软和谷歌等科技巨头也有较多研究成果发表。此外，德国苏黎世联邦理工学院、马克思普朗克学会、加拿大滑铁卢大学、蒙特利尔大学、日本东京大学也都是重要的创新主体（如表2—7所示）。

表2—7　量子计算领域主要发文机构

	量子计算过去5年论文主要机构	国别		量子计算过去5年论文主要机构	国别
1	IBM	美国	11	马克思普朗克学会	德国
2	麻省理工学院	美国	12	苏黎世联邦理工学院	德国
3	微软	美国	13	普林斯顿大学	美国
4	代尔夫特理工大学	荷兰	14	东京大学	日本
5	牛津大学	英国	15	加州理工学院	美国
6	滑铁卢大学	加拿大	16	清华大学	中国
7	哈佛大学	美国	17	谷歌	美国
8	马里兰大学帕克分校	美国	18	加州大学伯克利分校	美国
9	蒙特利尔大学	加拿大	19	加州大学圣塔芭芭拉分校	美国
10	中国科学院	中国	20	中国科学技术大学	中国

而从各国高水平SCI论文总量和热点论文来看，美国位列第一，中国、德国分列第二位和第三位；在被引次数方面，中国紧随美国、

德国和英国之后。在代表性研究成果方面，中国科学技术大学、浙江大学等联合实现了 11 位超导量子比特纠缠，中国科学技术大学分别实现了光量子体系 18 比特纠缠和半导体体系 3 比特逻辑门，清华大学实现了相干时间最长的离子阱体系量子储存。

第五节　全球量子计算产业发展格局

一、美国

在量子计算领域，美国是较早也是较积极的玩家之一，并在近年来持续大力投入，已形成政府、科研机构、产业和投资力量多方协同的良好局面，并取得了在技术研究、样机研制和应用探索等方面一系列的重要成果和全面领先优势。美国量子计算研究与应用发展模式（如图2—10所示）。

科技巨头：通过高额利润贴补研发开支，依托新技术研发成果进一步稳固和强化优势地位，具备垂直整合能力

初创企业：掌握部分环节的核心技术，进行细分领域或特色产品研发　　研究机构：基础理论研究与前沿探索，与巨头合作或创业进行成果转化

图2—10　美国量子计算研究与应用发展模式

美国高校科研领域顶尖人才聚集，加州大学、马里兰大学、哈佛大学、耶鲁大学等研究机构取得大量原创开拓性成果；谷歌、IBM、英特尔和微软等科技巨头间激烈竞争，近年来纷纷大举进军量子计算领域，已成为推动量子计算原理样机研发加速发展的重要

力量；Rigetti Computing、IonQ 和 Qubitek 等初创公司也极具创新活力，涵盖芯片、硬件、软件和云平台等多个领域。

1. 科技巨头

（1）谷歌。

谷歌量子计算硬件方面代表了目前全球最高水平之一。2006年，谷歌量子计算项目由 Hartmut Neven 创立，最初专注于算法和软件；2013 年，谷歌联合美国国家航空航天局（National Aeronautics and Space Administration）成立人工智能实验室，与 D-Wave 合作开展量子退火模拟专用机研究；2014 年，谷歌与美国加州大学圣塔芭芭拉分校顶尖科研团队 John Martinis 合作，共同进行通用量子计算机研发；2016 年，谷歌量子计算团队使用 3 个量子比特对氢分子的基态能量进行了模拟，效果已经可以和经典计算机持平；2017 年，谷歌与创业公司 Rigetti Computing 合作推出开源量子计算软件平台；2018 年，谷歌推出 72 位量子比特超导量子计算芯片 Bristlecone（如图 2—11 所示）；2019 年 10 月，谷歌使用其当时最新推出的 53 位量

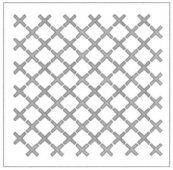

图 2—11　谷歌量子处理器 Bristlecone 与其量子位的动画表示

子比特芯片 Sycamore 运行随机线路采样，仅用 200s 时间即完成了结果，而谷歌推算如果使用算力强大的超级计算机 Summit 需耗时 1 万年，实现了"量子优越性"，这也是目前全球量子计算机经过实测的最强算力；2020 年 3 月，谷歌推出了 TensorFlow Quantum 量子机器学习算法开发平台，助力于未来全球量子算法的发展；2020 年 8 月，谷歌量子研究团队在量子计算机上模拟了迄今最大规模的化学反应，该研究成果将彻底地改变理论化学，从而改善医学、工业等行业。①

（2）IBM。

IBM 是全球最早布局量子计算的公司之一，并且至今其技术依然保持全球领先。IBM 对金融、汽车、电子、材料等不同应用领域的全球合作伙伴开放量子计算云平台，推动产业应用，量子计算初具产业生态。

早在 1999 年，IBM 就采用 NMR 量子比特技术开发出 3 位量子计算机；2001 年，IBM 分别在 5 位 NMR 量子计算机、7 位 NMR 量子计算机上成功运行了 Shor 量子算法，将 21 分解为 3 和 7、将 15 分解为 3 和 5，这是人类首次在硬件上实现了 Shor 量子算法；2016 年，IBM 推出量子云计算平台 IBM Q Experience（如图 2—12 所示），也因此成为全球第一个推出量子云服务的公司；2017 年，IBM 采用超导量子比特技术开发出 17 位量子计算机和 50 位量子计算机；2019 年 9 月，IBM 推出 Q System One，这是一台 53 位量子比特的超导量子计算机（如图 2—13 所示）。2020 年 8 月 IBM 相继推出 27 位量子

---

① 《Google 量子计算再次重大突破！首次模拟化学反应，可用于开发新化学物质》，https：//www. sohu. com/a/415352122_ 354973.

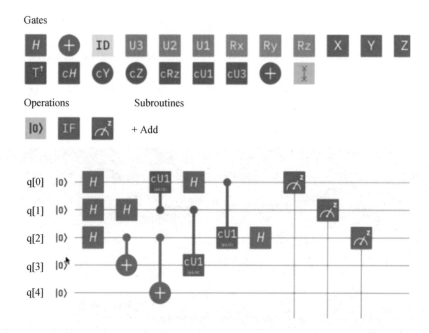

图 2—12 IBM Q Experience 量子云计算平台

图 2—13 IBM Q System One 量子计算机

比特 64 个量子体积的 Falcon 处理器和 65 位量子比特 32 个量子体积的第二版 Hummingbird 处理器；2020 年 9 月，IBM 发布了扩展量子技术路线图（如图2—14所示），显示 IBM 将在 2021 年实现 127 位量子比特，2022 年实现 433 位量子比特，2023 年实现 1121 位量子比特，之后量子比特数将达到百万级。[①] 目前，IBM 拥有 18 台量子计算机，位列世界第一。

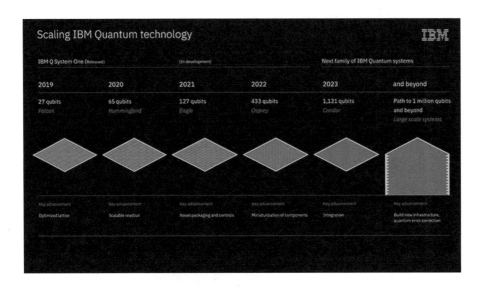

图2—14　IBM 量子技术路线图

根据 IBM 的理解，目前制约量子计算商用的主要瓶颈之一是硬件设备的错误率。其研发人员提出了"量子体积"的概念来衡量量子计算机算力，即在当前的技术条件下，增加量子比特位数并不能够带来"量子体积"的明显增长，但减少错误率则能够带来"量子体积"的明显增长。根据 IBM 技术文档中提供的图表来看，错误率由 0.1% 减少至 0.01% 后，"量子体积"将发生爆发式增长（如

---

① 《IBM 将在 2023 年突破千个量子比特，可能拉大与中国的差距》，https://www.sohu.com/a/419241350_120762490.

图 2—15 所示），可能预示着量子计算机能够实现商用。①

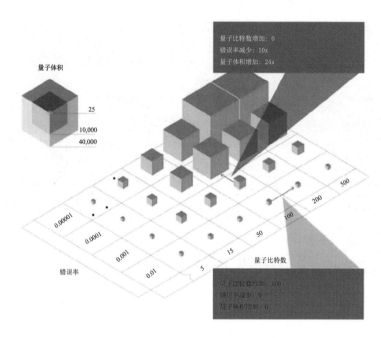

图 2—15　量子计算机算力随着量子比特数的增长而增长，
　　　　　随着错误率的减少而增长

（3）微软。

微软和谷歌、IBM 等科技巨头不同，在量子计算硬件上投入较少，目前仅专注于量子云服务。2019 年，微软与荷兰 QuTech 研究所、丹麦玻尔研究所等合作研究拓扑量子计算，并推出量子计算云服务平台 Azure Quantum（如图 2—16 所示），使用者可以通过平台使用霍尼韦尔、IonQ、Quantum Circuits 等公司的量子计算机。此外，微软还推出了量子编程语言 Q#和与之配套的微软开源量子开发工具

①　《Des2017 quantum computing ＿ final》，https：//www. slideshare. net/Francisco-JGlvezRamre/des2017-quantum-computingfinal.

包（Quantum Development Kit）。①

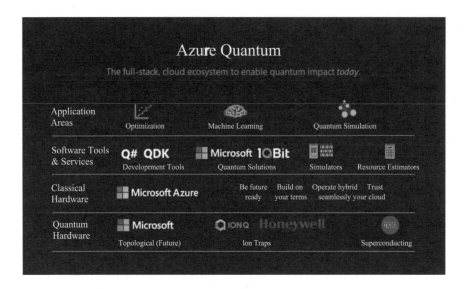

图 2—16 微软 Azure Quantum 量子云服务

（4）亚马逊。

亚马逊于 2019 年推出 AWS Braket 量子计算云服务，并于 2020 年 8 月全面上市。其涵盖量子变成和仿真工具，用户可以通过 AWS Braket 平台访问 IonQ、Rigetti Computing、D-Wave 等公司的后端量子计算机硬件系统（如图 2—17 所示），还可以使用云平台来设计运行混合算法。亚马逊也选择了非自建量子计算机的方式，而是与量子计算机合作，更专注于发挥自身在云服务方面的优势。

（5）英特尔。

英特尔与荷兰 QuTech 研究所、德国马普量子光学中心、美国国

----

① 《微软宣布开源量子开发工具包》，https：//www. oschina. net/news/108172/mi-crosoft-quantum-oss-available-github.

家标准与技术研究院等研究机构联合推进硅半导体量子计算。

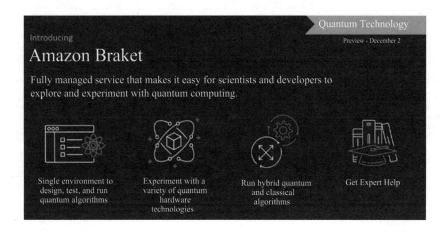

图 2—17　亚马逊 AWS Braket 量子云服务

（6）霍尼韦尔。

产业巨头霍尼韦尔也随后加入其中，基于其雄厚的资金投入、工程实现和软件控制能力积极开发原型产品，展开激烈竞争，对量子计算成果转化和加速发展助力明显。霍尼韦尔的离子阱量子比特装置已进入测试阶段。2020 年 9 月，霍尼韦尔宣布其离子阱量子计算机成功实现了 128 个量子体积。[1]

2. 初创企业

另一方面，初创企业是量子计算技术产业发展的另一主要推动力量。初创企业大多脱胎于科研机构或科技公司，近年来，来自政府、产业巨头和投资机构的创业资本大幅增加，初创企业快速发展。目前，全球有超过百余家初创企业，涵盖软硬件、基础配套及上层

---

[1] 《量子计算追逐赛：IonQ 与霍尼韦尔谁是第一》，http：//vr.sina.com.cn/news/hz/2020-10-13/doc-iiznctkc5249581.shtml.

应用各环节（如图2—18所示），企业集聚度方面美国最高，英国次之。

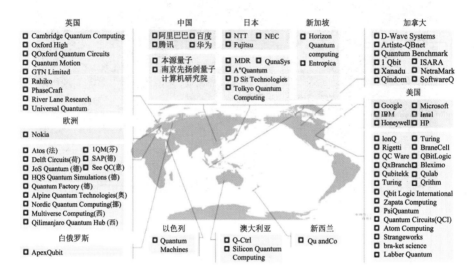

图2—18　量子计算领域科技公司和初创企业分布

（1）Rigetti。

Rigetti 成立于2013年，是美国一家基于超导技术的量子计算初创公司。2019年12月，Rigetti 发布了一款32位量子比特的量子计算机。Quantum 云服务是 Rigetti 的量子第一云计算平台，其产品 Forest 是世界上第一个用于量子或经典计算的全栈编程和执行环境。2019年 Rigetti 收购了量子计算和数据分析软件初创公司 QxBranch。

（2）IonQ。

IonQ 由马里兰大学教授 Christopher Monroe 和杜克大学教授 Jung-sang Kim 于2015年创立。成立之初，New Enterprise Associate 对公司进行了200万美元投资；2017年，IonQ 接受了 Google Ventures、New Enterprise Asssociate、亚马逊的2000万美元投资；2018年12月，

IonQ 推出 79 位离子阱量子计算机，并对水分子进行了模拟，其结果要好于目前大部分超导量子计算机；2020 年 10 月，IonQ 宣布推出目前世界上最先进的 400 万量子体积的量子计算机。[①]

（3）QC Ware。

QC Ware 成立于 2014 年，是美国一家量子云计算平台开发公司。QC Ware 拥有量子云平台 Forge，合作公司包括 Google 和 IBM。

因此，从技术路线来看，超导量子计算机使用约瑟夫森结构造量子比特，因具有可扩性强、可扩展性较好、和现有集成电路工艺结合较好等优势，谷歌和 IBM 致力于超导体系；英特尔同时涉猎硅半导体和超导体系；而离子阱量子计算机使用囚禁的离子作为量子比特，具有量子比特品质高、相干时间长等优势，IonQ、霍尼韦尔等公司选择该技术路线；微软布局全新的拓扑路线（如表 2—8 所示）。从发展模式来看，几大科技巨头在全球范围内联动初创企业及研究机构等优势资源展开广泛合作。

表 2—8　美国量子计算布局主要公司

公司	团队核心人物	技术路线	性能	相关应用
谷歌	Hartmut Neven	超导量子比特	72 位	量子机器学习平台 Tensor Flow Quantum
IBM	Dario Gil	超导量子比特	53 位	IBM Q Experience

① 《32"完美"量子比特、"400 万"量子体积，IonQ 官宣"世界最强"量子计算机》，https：// my. oschina. net/ u/4282636/blog/4659569.

续　表

公司	团队核心人物	技术路线	性能	相关应用
IonQ	Christopher Monroe （马里兰大学教授） Jusang Kim （杜克大学教授）	离子阱量子比特	79 位	—
微软	Leo Kouwenhove （代尔夫特理工大学教授） Charles Marcus （哥本哈根大学教授） Matthias Troyer （苏黎世联邦理工学院教授） David Reill （悉尼大学教授）	拓扑量子比特	—	Azure Quantum
亚马逊	Simone Severini （伦敦大学学院教授）	—	—	AWS Braket

通常来说，能使用的量子比特越多，计算能力就越强。从研究成果来看，谷歌、IBM 等巨头加入超导量子比特技术研究后，量子比特数量迭代速度明显加快，尤其近两年由 50 位拓展至 128 位，实现了接近三倍的迅速提升（如图 2—19 所示）。

谷歌的工程师认为当量子比特位数达到 100～1000 位后量子计算机有望能够执行一些具有实际意义的算法，量子计算机可以初步进入商用。[①] 尽管几家公司在量子比特数量的成果中未披露全部技术细节，从而引发一定争议，但不可否认的是量子计算近年来在科技巨头的推动下发展速度十分迅猛。

[①] 《Inside the race to build the best quantum computer on Earth》，https：//www. technologyreview. com/2020/02/26/916744/quantum-computer-race-ibm-google/.

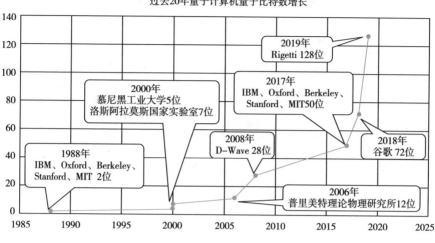

图2—19　量子计算机量子比特位数发展趋势

3. 政府机构

2019年美国政府发布未来工业发展计划，将量子信息等四大关键技术视为未来科技和产业发展的"基础设施"，认为发展量子信息科学能够保持美国在全球产业变革中的主导地位，政策上持续加码，让美国在全球量子计算研发上占据主导地位。

美国已于2018年12月通过《国家量子计划法案》，旨在推动美国量子计算相关生态协调发展，AT&T、波音、花旗等公司均已加入量子经济发展联盟（Quantum Economic Development Consortium）。大众汽车已经和谷歌达成量子计算方面合作，基于量子计算平台开发新的模拟和算法模型进一步优化未来交通流量。台积电也已和一些美国学术机构开展量子计算相关合作，并着手适用于量子计算机的新型材料研发。[①]

---

① 《中金前沿科技系列：量子计算能延续摩尔定律的神话吗?》，http：//finance. sina. com. cn/stock/stockzmt/2020-05-14/doc-iircuyvi2996003. shtml.

二、中国

中国政府也在积极推动量子计算技术，先后启动"自然科学基金""863"计划和重大专项等科研项目，多次提及量子计算的战略地位，支持量子计算的技术研发和产业化落地（详见表2—9所示）。

表2—9　中国量子计算发展相关政策（部分）

时间	政　策	内　容
2016 年	《"十三五"国民经济和社会发展规划》	量子信息技术是体现国家战略意志的重大科技项目之一
	《国家创新驱动发展战略》	将量子信息技术列入发展引领产业变革的技术
2017 年	《"十三五"国家基础研究专项规划》	将量子计算机列为"十三五"器件"事关我国未来发展的重大科技战略任务"的首位
	《"十三五"科技军民融合发展专项规划》	推动包括量子计算在内的新一轮军民融合重大科技项目论证与实施
2019 年	《济南市人民政府关于加速建设量子信息大科学中心的若干政策措施》	明确了打造量子信息大科学、建设量子谷的具体目标和建设任务，从建设量子信息大科学中心、聚焦量子创新创业人才、培育量子信息产业发展新动能、培育量子信息产业发展新动能五个方面提出了 15 条具体措施

中国量子计算以科研机构为主，在量子计算基础理论、物理实现体系、软件、算法等领域均有研究布局，中国科学技术大学、清华大学、浙江大学等研究机构近年来取得一系列具有国际先进水平的研究成果，为中国量子计算发展奠定了坚实基础。与此同时，阿里巴巴、腾讯、百度和华为等科技巨头近年来通过与科研机构合作

或聘请具有国际知名度的科学家成立量子实验室，在量子计算云平台、量子软件及应用开发等领域进行布局。

表 2—10 我国量子计算领域的发展历程

时间	事 件
2013 年	中国科学技术大学潘建伟院士领衔的量子光学和量子信息团队首次成功实现了用量子计算机求解线性方程组的实验
2017 年	中科大、中国科学院—阿里巴巴量子计算实验室、浙江大学、中科院物理所等协同完成参与研发世界上第一台超越早期经典计算机的光量子计算机（5 量子比特）
2017 年 4 月	中国科学院院长白春礼院士透露，中科院正在研制中国首台量子计算机，预计在最近几年内有望研制成功
2018 年 3 月	百度宣布成立量子计算研究所，计划在五年内组建世界一流的量子计算研究所，逐步将量子计算融入到业务中
2018 年 10 月	阿里巴巴达摩院在云栖大会宣布着手超导量子芯片和量子计算系统的研发。华为在全联接大会期间正式发布量子计算模拟器 HiQ 云服务平台
2018 年 12 月	中国科学技术大学郭光灿团队宣布，成功研制出一套精简、高效的量子计算机控制系统

1. 科技巨头

（1）阿里巴巴。

阿里巴巴是国内量子研究起步最早的企业，2015 年就开始布局量子计算，与中国科学院联合成立实验室，合作开展量子科学领域前瞻性研究。在 2017 年 3 月的深圳云栖大会上，阿里云公布了全球首个云上量子加密通讯案例。5 月，由中国科学技术大学、中国科学院—阿里巴巴量子计算实验室、浙江大学、中国科学院物理研究所等协同完成参与研发的世界上第一台超越早期经典计算机的光量子计算机诞生。9 月，阿里巴巴创立前沿与基础科学研究机构达摩院，量子计算为核心研究方向之一，量子实验室负责人为前密歇根大学教授施尧耘。同年，阿里与中国科学技术大学联合打造的量子计算云平台上线。①

2018 年初，匈牙利裔计算机科学家马里奥·塞格德（Mario Szegedy）入职阿里巴巴达摩院。同年，实验室研制的量子电路模拟器"太章"在全球率先成功模拟了 81 比特 40 层的作为基准的谷歌随机量子电路（如图 2—20 所示）。2019 年 9 月，实验室完成了第一个可控的量子比特的研发工作。2020 年 3 月，阿里巴巴达摩院开

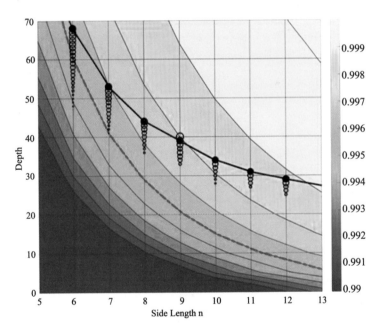

图 2—20 "太章"模拟的随机量子电路规模（黑线）与
谷歌量子硬件可以实现的规模（红线）比较

---

① 《盘点量子计算赛道国内玩家：BAT 引入专家，台积电富士康入局，国盾量子市值破 200 亿》，https://36kr.com/p/936289933515653.

启南湖项目，总投资约 200 亿元，主要研究方向包括量子计算；6 月，阿里创新研究计划（Alibaba Innovative Research）首次将量子计划列入其中。

（2）腾讯。

腾讯于 2017 年开始布局量子科学，牛津大学量子计算博士葛凌以腾讯欧洲首席代表的身份加入腾讯。2018 年，香港中文大学著名量子理论计算机科学家张胜誉教授加入腾讯，并成立腾讯量子实验室。同年，腾讯提出"ABC 2.0"计划（AI, RoBotics, Quantum Computing）。腾讯正在量子 AI、药物研发和科学计算平台（Sim-Hub）等应用领域开展相关研究。

（3）百度。

2018 年 3 月，百度成立量子计算研究所，悉尼科技大学量子软件和信息中心创办主任段润尧教授出任所长，研究所重点进行量子算法、量子 AI 应用以及量子架构这三个方向的研发，开发量子计算平台并通过灵活高效的量子硬件接口与不同量子硬件系统进行对接，最终以云计算的方式输出量子计算的能力。

2019 开发者大会上，百度发布了高性能的量子脉冲计算系统"量脉"；2020 年 5 月，百度发布了国内首个量子机器学习开发工具"量桨"（Paddle Quantum）；9 月，百度发布了全新升级的百度大脑 6.0，除了众多技术之外，还包括国内首个云原生量子计算平台"量易伏"，实现了量子计算和云计算的深度融合。

（4）华为。

翁文康在 2018 年宣布加入华为数据中心技术实验室，实验室主要研究方向包括量子计算物理与操控、量子软件，量子算法与应用等。同年，华为首次公布由量子计算模拟器和编程框架组成的 HiQ 1.0 量子云服务平台。2019 年，HiQ 升级至 2.0，单台昆仑量子计算模拟一体原型机可实现全振幅模拟 40 量子比特、单振福模拟最大 144 量子比特（22 层）的性能表现。2020 年 9 月，HiQ 升级至 3.0。

（5）鸿海集团。

富士康母公司鸿海集团于 2020 年 3 月创办鸿海研究院，邀请台湾大学物理特聘教授张庆瑞担任量子计算机项目的负责人，开启量子计算布局。

（6）台积电。

台湾半导体制造公司（台积电）是一些科技行业顶级硬件生产商，2018 年计划与台湾科技部合作创建基于 IBM Q 云量子计算平台。

2. 科研院所

（1）中国科学院。

2017 年，阿里巴巴与中科院合作推出量子计算云平台。2019 年 12 月，中科院发布了中国首个量子程序设计平台 isQ。

（2）中国科学技术大学。

2017 年，中国科学技术大学郭光灿院士团队李传锋、项国勇研究组与复旦大学、北京理工大学、南京邮电大学合作实现国际最高效量子态层析测量，并发表于国际权威期刊《自然·通讯》（Nature Communications）上。同年，潘建伟团队在光量子处理器上成功实现拓扑数据分析。2019 年，中国科学技术大学研制出 24 个超导量子比特处理器；2020 年 3 月，与本源量子合作在纳米谐振子的声子模式相干操控方面取得重要进展。

（3）清华大学。

2011 年，姚期智创建清华大学量子信息中心（Center for Quantum Information）。2017 年，清华大学交叉信息研究院量子信息中心副教授金奇奂带领离子阱量子计算研究组实现了拥有超过 10 分钟相干时间的单量子比特储存，成果已在《自然—光子学》（Nature Photonics）上发表。同年，清华大学发布国际首个核磁共振量子计算云平台。

2018 年，丘成桐数学科学中心助理教授金龙与 Semyon Dyatlov 教授合作论文《双曲曲面上半经典测度具有全支集》（Semiclassical measures on hyperbolic surfaces have full support）在国际顶尖数学期刊《数学学报》（Acta Mathematica）上在线发表。该论文成果对于理解量子混沌系统具有重要的意义。

（4）浙江大学。

2018 年，浙江大学启动量子计划；2019 年 8 月，浙江大学、中国科学院物理研究所、中国科学院自动化研究所、北京计算科学研究中心等国内单位共同合作开发了具有 20 个超导量子比特的量子芯片，研究成果刊登于《科学》期刊。

3. 初创企业

（1）本源量子。

国内首家量子计算初创企业合肥本源量子于 2017 年 9 月成立，依托中国科学院量子信息重点实验室，中国科学技术大学物理系教授郭国平成为本源量子创始人兼首席科学家，中国科学技术大学物理系教授郭光灿是本源量子联合创始人兼科学顾问。公司创立目标是全栈量子计算开发，主营业务涵盖量子芯片、量子测控、量子软件、量子云以及未来的量子应用。

量子芯片方面，本源量子开发出第一代半导体 2 比特量子处理器玄微 XW B2—100、第一代超导 6 比特夸父量子处理器 KF C6—130（如图 2—21 所示）。量子测控领域，本源成功研发了首款国产量子计算机控制系统——第一代量子测控一体机 OriginQ Quantum AIO。量子软件方面，本源开发了国内第一套量子语言标准 QRunes，研制了国内首款量子编程架构 QPanda（量子语言与编译器的复合架构），国内首款量子计算应用框架 pyQPanda，及国内首个量子程序开发插件 Qurator-VSCode。

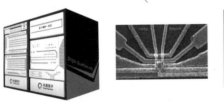

图 2—21　本源量子量子测控一体机和量子计算芯片

量子云领域，本源已开发出基于 32 位量子虚拟机的量子计算免费体验平台。2020 年 9 月上线的本源超导量子计算云平台，后端连接的是基于真实物理系统的 6 比特的超导量子芯片"夸父"，其保真度、相干时间等技术指标均达到国际先进水平。① 由该 6 比特量子芯

---

① 《国内首个量子计算云平台上线　量子计算机正走出实验室》，http：//news.youth. cn/kj/202009/t20200923_ 12505229. htm.

片组装而成的量子计算机，被命名为"悟源"（尚未发布的另一台基于半导体工艺的量子计算机被命名为"悟本"）。

（2）量旋科技。

量旋科技成立于 2018 年 8 月，由深圳量子科学与工程研究院孵化，香港科技大学物理系教授曾蓓担任首席科学家。目前已推出 2 量子比特桌面演示型 NMR 量子计算机，主要用于演示量子计算原理及实现各种自定义量子算法等功能。

2020 年 10 月，量旋科技发布了最新一代通用量子云平台"金牛座"，平台已接入一台 2 量子比特和一台 4 量子比特核磁共振量子计算机，接入的核磁共振量子计算机被命名为"双子座"，非常小巧并可在常温下运行。

（3）国仪量子。

国仪量子起源于中国科学技术大学中科院微观磁共振重点实验室，由杜江峰院士带队。国仪量子以量子精密测量为核心技术，提供高端仪器装备和服务。2019 年 4 月，国仪量子推出了金刚石量子计算教学机，主要用于量子计算实验教学，其设计量子比特数为 2 量子比特，可在常温下工作。

（4）启科量子。

启科量子于 2015 年主导研发了全球第一套量子计算测控系统，并预计在 2 到 3 年内完成"天算 1 号"离子阱可扩展分布式量子计算机，可达 100 可操控量子比特。

总体而言，中国科技企业进入量子计算领域相对较晚，参与度有限，在样机研制、产品工程化、关键技术指标、重大创新成果、发展模式与体制、产业基础与应用、人才引进和培养等方面仍存在着一些不容忽视的问题与挑战，与美国科技企业存在较大差距。据本源量子副总裁张辉博士预估，目前我国的量子计算领域，在超导方向有四到五年的差距，半导体方向上有一两年的差距。

三、其他国家

（1）D-Wave。

D-Wave 成立于 1999 年，总部位于加拿大，是最早出售量子计算机的公司，其技术路线是基于量子退火机制的专用量子计算机，开发使用量子效应解最优化和最小化问题的专用处理器。

量子退火机是一种擅长解决优化问题的量子计算机，D-Wave 的量子退火计算机处理能力在 2018 年已达到 2000 量子比特，并解决了制造业、商业、电信业、智慧交通与车联网等多类应用问题，如与宝马合作在制造工厂中实现机器人运动的优化、与德国航空航天中心合作实现了飞行门的优化分配、与 Recruit Communications 和早稻田大学合作实现了广告展示优化等。2019 年，D-Wave 发布 5000 量子比特的量子退火计算机"Avantage"；2020 年 2 月，D-Wave 推出第二代混合量子计算云平台 Leap 2；2020 年 10 月，D-Wave 宣布世界上第一台商业专用量子计算机正式上市。①

2020 年 10 月，加拿大成立了一个由 24 家量子科技公司组成的量子工业部（Quantum Industry Canada），以加快技术创新、人才转

---

① 《量子计算被推上风口，这个赛道的国际玩家都在做什么?》，https：//36kr.com/p/884224871799558.

化和商业化，成员包括量子计算行业的先行者 D-Wave Systems、软件开发商 1Qbit、光量子计算机制造商 Xanadu Quantum Technologies、软件制造商 Zapata Computing、量子安全产品解决方案提供商 ISARA 等。

（2）Cambridge Quantum Computing。

Cambridge Quantum Computing 成立于 2014 年，是英国一家量子计算软件初创公司。2020 年 4 月，CQC 宣布在量子计算机上执行的自然语言处理测试获得成功，为全球首次成功案例；5 月，由总部位于剑桥的量子计算软件开发商 Riverlane 牵头的财团从英国政府获得 760 万英镑（约合 6900 万人民币）的拨款，用于部署高度创新的量子操作系统 Deltaflow. OS；3 个月后，CQC 研发的首款量子计算机通用系统 Deltaflow. OS 诞生；8 月，据 CQC 首席执行官称，CQC 与 IBM 合作开发出世界上第一个量子计算应用。

（3）Silicon Quantum Computing。

Silicon Quantum Computing 成立于 2017 年，是澳大利亚一家量子计算初创公司。SQC 在 2020 年 10 月实现了硅原子双量子比特 99.99% 的超高保真度，打破了当前公布的谷歌 Sycamore 最大 99.64% 双量子比特保真度的最高纪录。同月，谷歌前量子计算负责人 John Martinis 正式加入 SQC。

（4）荷兰代尔夫特理工大学（Technische Universiteit Delft）。

荷兰代尔夫特理工大学和应用科学研究组联合成立的 QUTech 研究所在超导、半导体硅量子点和拓扑路线均有布局，并与英特尔、微软等科技企业紧密合作。

英国、奥地利在离子阱量子计算领域均有布局，澳大利亚集中研究半导体量子计算技术路线。此外，美英欧日澳等各国通过联合研究和成果共享，正在形成并不断强化的联盟优势。印度、韩国、俄罗斯、以色列等国也开始将量子计算技术列入国家技术计划加大投入。全球量子计算领域的相关发展规划汇总至表2—11。

表2—11　全球量子计算发展相关政策

年份	国别	事　　项
2013	英国	建立了量子计算研究院
2014	美国	创设量子信息和计算机科学联合中心（QuICS）
	英国	制订5年量子技术计划，每年投入2.7亿英镑支付量子技术产学研发展
2015	美国	①将量子信息科学列入战略投资领域 ②提出2015—2030财年量子信息科学研发目标与基础设施建设目标
	英国	发布《英国量子技术路线图》，将量子技术上升为影响未来国家创新力和国际竞争力的重要战略
	荷兰	制订了10年期量子计算发展计划
2016	美国	①发布《推进量子信息科学发展：美国的挑战与机遇》 ②发布《与基础科学、量子信息科学和计算交汇的量子传感器》 ③海陆空三军量子科学与工程制造项目（QSEP）
	欧盟	发布《量子宣言（草案）》，明确了发展重点
	英国	制订量子技术劳动力培训计划，加强人才支撑
	德国	宣布QUTEGA计划，将投资6.5亿欧元
2017	英国	发布《量子技术：时代机会》，提出建立一个政府、产业、学界之间的量子技术共同体
	日本	发布《关于量子科学技术的最新推动方向》

年份	国别	事　　项
2018	美国	①编制《美国国家量子信息科学战略概述》，提出了美国量子信息科学发展的四大目标，六大举措 ②签署《国家量子计划法案》，将制定量子信息长期发展战略，未来 5 年向量子相关研发领域投入 12 亿美元资金
	欧盟	启动"量子技术旗舰计划"，将为从基础研究到工业化，为整个欧洲量子价值链提供资助
2019	美国	发布未来工业发展规划，将量子信息科学视为美国未来科技和产业发展的四大"基础设施"

第六节　量子计算热点方向

一、量子优越性/量子霸权

量子优越性/量子霸权（Quantum Supremacy）的概念由加州理工学院的理论物理学家 John Preskill 教授首先提出，指量子计算在解决特定计算困难问题时，相比于经典计算机可实现指数量级的运算处理加速，从而体现量子计算原理性优势。其中，特定计算困难问题是指该问题的计算处理，能够充分适配量子计算基于量子比特的叠加特性和量子比特间的纠缠演化特性而提供的并行处理能力，从而发挥出量子计算方法相比于经典计算方法在解决该问题时的显著算力优势。这意味着量子计算机距离商业化应用更进一步，量子计算也更多受到关注。

2019 年 10 月 24 日，《自然》杂志以封面论文形式报道了谷歌基于可编程超导处理器 Sycamore（如图 2—22 所示），实现量子优越性的重要研究成果。该处理器采用倒装焊封装技术和可调量子耦合器等先进工艺和架构设计，实现了 53 位量子物理比特二维阵列的纠缠与可控耦合，在解决随机电路采样问题时，仅用 200 秒时间即完成了结果，而如果使用全球最庞大的超级计算机 Summit 需耗时 1 万年，因此可见量子比特计算机具有远超过现有超级计算机的处理能力。谷歌研究成果是证明量子计算原理优势和技术潜力的首个实际案例，具有里程碑意义。这一热点事件所引发的震动和关注，将进一步推动全球各国在量子计算领域的研发投入、工程实践和应用探索，为加快量子计算机的研制和实用化注入新动能。①

图 2—22　谷歌可编程超导处理器 Sycamore 与其量子位的动画表示

在与经典计算的比较和发展定位方面，由于量子计算尚未完全成熟，但已存在的量子算法经证明在问题解决上均优于经典计算，也因此量子计算目前在部分经典计算不能或难以解决的问题上具备理论优势。

此外，量子计算机的复杂操控仍需要经典计算机辅助，在未来相当长时间内，量子计算都无法完全取代经典计算，两者将长期并跑、相辅相成。有业内专家表示，经典计算机未来仍将承担收发邮件、视频音乐、网络游戏等功能，而量子计算未来或可能成为辅助经典计算的特殊处理器，专注于解决某些特定计算问题。

1980 年代物理学家理查德·费曼（Richard Feynman）就曾提出

---

① 《量子霸权真的来了：谷歌论文正式在〈自然〉杂志发表；借助 54 个量子比特的 Sycamore 芯片实现》，https://www.sohu.com/a/349100334_ 465914.

使用量子来模拟量子现象本身的设想，而通过结合量子计算和量子模拟应用算法等方面研究，在量子体系模拟、蛋白质结构解析、药物研发、新型材料研究、新型半导体开发、大数据集优化和 AI 算法加速等经典计算机无法模拟的领域开发能够发挥量子计算处理能力优势的"杀手级应用"，将为量子计算技术打开实用化之门，成为未来发展的新方向（如图 2—23 所示）。

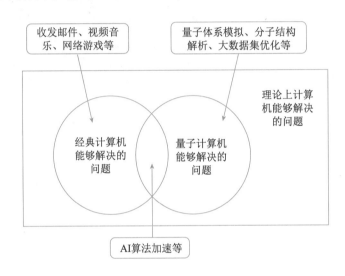

图 2—23　量子计算机与经典计算机能够解决的问题范围

二、量子计算云平台

考虑到中短期内，量子计算机在达到商业应用程度后，小型化问题依然难以解决，且量子处理器需要在较低温度的环境下进行运算和储存，通过云服务进行量子处理器的接入和量子计算应用推广成为量子计算算法及应用研究的主要形式之一。量子计算机与现有网络系统相适应，用户通过量子云服务远程调度量子计算机算力。

具体来说，用户在本地编写量子线路和代码，将待执行的量子程序提交给远程调度服务器，调度服务器安排用户任务按照次序传递给后端量子处理器，量子处理器完成任务后将计算结果返回给调度服务器，调度服务器再将计算结果变成可视化的统计分析发送给用户，完成整个计算过程。

近年来，越来越多的量子计算公司和研究机构发布量子计算云平台，以实现对量子处理器资源的充分共享，并提供各种基于量子计算的衍生服务。量子计算的产业链如图 2—24 所示：

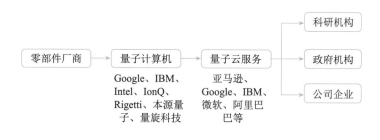

图 2—24　量子计算产业链

量子计算云平台的通用体系架构如图 2—25 所示，主要包括计算引擎层、基础开发层、通用开发层、应用组件层和应用服务层。

量子计算云平台的服务模式主要分为三种：

一是量子基础设施服务（q-IaaS），即提供量子计算云服务器、量子模拟器和真实量子处理器等计算及存储类基础资源；

二是量子计算平台服务（q-PaaS），即提供量子计算和量子机器学习算法的软件开发平台，包括量子门电路、量子汇编、量子开发套件、量子算法库、量子加速引擎等；

三是量子应用软件服务（q-SaaS），即根据具体行业的应用场景和需求设计量子机器学习算法，提供量子加速版本的人工智能应用服务，如生物制药、分子化学和交通治理等。

应用服务层	→	5G	IoT	工业互联网
应用组件层	→	搜索组件	向量计算组件	分类组件
通用开发层	→	量子计算IDE	量子计算SDK	量子算法lib
基础开发层	→	量子汇编	量子门电路	量子制备
计算引擎层	→	量子芯片	量子云模拟器	第三方模拟器

图2—25　量子计算云平台的通用体系架构

目前，量子计算云平台以量子计算平台服务模式为主，提供量子模拟器、计算工具和开发套件等软件服务。随着量子计算物理平台与云基础设施的深度结合以及量子处理器功能和性能的不断发展，量子基础设施服务模式的比重将逐步增多。未来随着量子计算产业进一步发展成熟、生态逐步开放，将有更多的行业和企业尝试通过量子应用软件服务模式对其业务处理进行赋能。

美国量子计算云平台布局较早，发展迅速。IBM 是全球第一个上线运行量子云服务平台的科技巨头，其推出 20 位量子比特的量子云服务，提供 QiKit 量子程序开发套件，建立了较为完善的开源社区；谷歌开发了 Cirq 开源量子计算框架和 OpenFermion-Cirq 量子计算应用案例，可搭建量子变分算法（Variational Algorithms），模拟分子或者复杂材料的相关特性；Rigetti Computing 推出的量子计算云平台以"混合量子＋经典"的方法开发量子计算运行环境，使用 19 位量子比特超导芯片进行无监督机器学习训练及推理演示，提供支持多种操作系统的 Forest SDK 量子软件开发环境。

表 2—12 部分量子云服务支持的量子计算机（截至 2020 年 4 月）

	Alpine Quantum（离子阱）	霍尼韦尔（离子阱）	IBM（超导）	IonQ（离子阱）	Quantum Circuits（超导）	Rigetti（超导）	D-Wave（量子退火）
AWS Braket				✓		✓	✓
Azure Quantum		✓		✓	✓		
IBM Q Experience	✓		✓				

我国量子计算云平台起步较晚，目前发展态势良好，与国际先进水平相比在量子处理器、量子计算软件方面的差距逐步缩小。中国科学技术大学与阿里云共同推出 11 位超导量子计算云接入服务；华为发布 HiQ 量子计算模拟云服务平台，可模拟全振幅的 42 位量子比特，单振幅的 81 位量子比特，并开发兼容 ProjectQ 的量子编程框架；本源量子推出的量子计算云平台可提供 64 位量子比特模拟器和基于半导体及超导的真实量子处理器，提供 Qrunes 编程指令集，Qpanda SDK 开发套件，推出移动端与桌面端应用程序，兼具科普、教学和编程等功能，为我国量子计算的研究和应用推广提供了有益探索。

第七节　量子计算的应用

尽管量子计算目前仍处于产业发展的初期阶段，但相关技术的研究与应用探索广受重视，成为新兴技术领域热点。军工、气象、金融、石油化工、材料科学、生物医学、航空航天、汽车交通、图像识别和咨询等众多行业已注意到其巨大的发展潜力，开始与科技公司合作探索潜在用途，产业生态链不断壮大（如图2—26所示）。

图2—26　量子计算研发主体及产业应用生态

与此同时，量子计算的产业基础配套也在不断完善。2019年英特尔与Bluefors和Afore合作推出量子低温晶圆探针测试工具，加速硅量子比特测试过程；本源量子创立计算产业联盟，并携手中船重工鹏力共建量子计算低温平台。

当前阶段，量子计算的主要应用目标是解决大规模数据优化处理和特定计算困难问题（Non-deterministic Polynomial）。机器学习在过去十几年里不断发展，对计算能力提出巨大需求，结合量子计算高并行性的新型机器学习算法可实现对传统算法的加速优化，这也是目前的研究热点。

量子机器学习算法主要包括异质学习算法（Hetero-Homogeneous Learning）、量子主成分分析（Quantum Principal Component Analysis）、量子支持向量机（Quantum Support Vector Machine）和量子深度学习（Quantum Deep Learning）等。目前，量子机器学习算法在计算加速效果方面取得一定进展，理论上已证明量子算法对部分经典计算问题具有提速效果，但处理器物理实现能力有限，算法大多只通过模拟验证，并未在真实系统中进行迭代，仍处于发展初期。

目前，基于量子退火和其他数据处理算法的专用量子计算机，已经展开系列应用探索。谷歌联合多家研究机构将量子退火技术应用于图像处理、蛋白质结构模拟、交通流量优化、空中交通管制、海啸疏散等领域；JSR 和三星尝试使用量子计算研发新型材料特性；埃森哲、Biogen 和 1QBit 联合开发量子化分子比较应用，改善分子设计加速药物研发；德国 HQS 开发的算法可以在量子计算机和经典计算机上有效地模拟化学过程；摩根大通和巴克莱希望通过蒙特卡洛模拟解决最优路径问题，加速优化投资组合，以提高量化交易和基金管理策略的调整能力，优化资产定价及风险对冲。

量子计算应用探索正持续深入，用于分解质因数的 Shor 量子算法、用于无序数据库搜索的 Grover 量子算法均已在理论上被证明算法复杂度优于经典算法。随着量子比特数量的增加、量子计算机相干时长的提升、量子算法数量的丰富，量子计算将逐步成熟，未来 3—5 年有望基于量子模拟和嘈杂中型量子计算（Noisy Intermediate-Scale Quantum）原型机在生物医疗、分子模拟、大数据集优化、量化投资等领域率先实现商业化应用（如图 2—27 所示）。

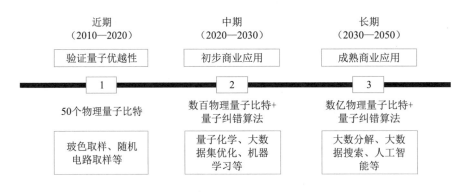

图 2—27　量子计算机商用预测

根据波士顿咨询的预测，在不考虑量子纠错算法的情况下，2035 年全球量子计算市场规模为 20 亿美元，2050 年将达到 600 亿美元；若当前桎梏量子计算发展的主要因素——物理量子位的错误能够显著降低，则 2035 年全球量子计算市场规模为 2600 亿美元，2050 年将达到 2950 亿美元（如图 2—28 所示）。

而艾瑞咨询认为，量子信息技术的进步有其自身的特点，往往在技术诞生之后其市场反响非常麻木，行业增速并不惊艳。但一旦某一领域因为偶发因素得到了爆发式的应用，这种技术爆炸就将展现出近乎暴力的增长方式（如图 2—29 所示）。

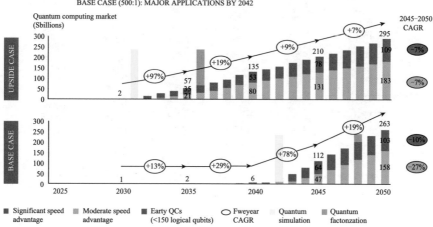

图2—28　量子计算市场规模预测（技术里程碑将决定市场增长速度）

图2—29　量子元年至量子5年全球量子计算潜在规模市场

　　目前对于量子计算元年的到来仍然无法精确预测，但可以想象的是生物制药、化工、光伏行业将在量子元年应用市场中占据较大规模。随着时间的推移，搜索、机器学习等市场占比将逐步扩大，成为量子计算应用领域的主流（如图2—30所示）。

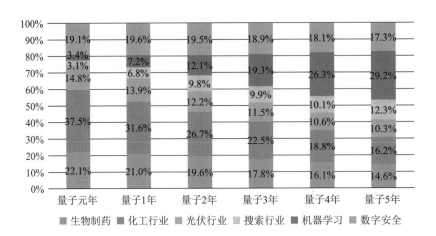

图2—30　量子元年至量子5年全球量子计算市场规模结构

从具体行业角度分析，生物医药、化工行业、光伏材料行业开发环节存在对大量分子进行模拟计算，经典计算压力已经显现，以现有人类的计算能力模拟量子化的原子消耗的时间成本较大，而量子计算机能够以量子比特直接模拟量子化的原子，具有高效性。

一、生物医药

生物医药和量子计算的结合被社会各界普遍看好，是因为在所有待量子升级行业中，生物医药自身的科技水平本就很高，在以往的新技术融合性上，高科技行业对新科技的接受度最高，也就是说生物医药具备接纳量子计算的天然环境。药企拥有大量研发费用，且已形成外包合作的研发习惯和模式，是支撑一项新科技商业化的良好温床。药企研发一款新药物，大致分为三大流程（如表2—13所示）。

表 2— 13　新款药物研发流程

研发前期	研发主要目标在于发现不同基因组的外在表述，进而精准地掌握病因，这一阶段对研发帮助最大的是生物学本身的进步和机器学习给发现基因作用带来的辅助
研发中期	研发中期和前后期不同，这一阶段的研发目标是药品的化学表现和分子设计，主要聚焦在小分子本身的性质功能、稳定性和与病变生物蛋白的反应，在这个过程中，需要大量的运算模拟，虽然药企本身都有设计部，但部分验证模拟需要同时动用几万台服务器支撑，在这过程中的把控和管理，都不得不交给专业计算机构完成，这便形成了未来量子计算切入的市场
研发后期	研发主要目标在于收集临床反馈，鉴于造成同一病症的原因多种多样，病人亦不能专业的区分自己的病情，所以这阶段的问题在于找到精准的病人画像，并在合适的地方找到病情的生物标志物，所以本身对计算强度的需求，并没有那么大

　　每步流程中都有不同的科研需求，虽然大部分都涉及数据与计算，但前期和后期涉及生物学基础理论和临床反馈对计算资源依赖较少，而中期有较大的对大分子模拟的计算，成为量子计算可以切入的市场（如图 2—31、图 2—32 所示）。① 而目前，受限于经典计算机的算力，对大型分子的准确性状模拟依然是较大难题，所以医药等领域的新品性状测试依然需要通过反复实验才能够获得，费时费力。量子计算天然擅长模拟分子特性，其有望通过计算机数字形式直接帮助人类获得大型分子性状，极大缩短理论验证时间，例如 COVID-19 疫苗、抗癌药物有望得到加速开发。

_____

　　① 《艾瑞咨询——观星者：量子计算及商业应用方向研究报告（2019 年）》，http：//report. iresearch. cn/report_ pdf. aspx？id = 3356.

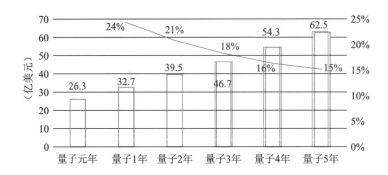

图2—31　量子元年至量子5年全球生物医药量子计算潜在市场规模

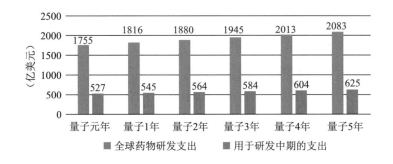

图2—32　量子元年至量子5年全球药物研发及研发中期的支出

　　IBM 在 2017 年使用量子计算机成功模拟氢化铍；IonQ 在 2018 年使用量子计算成功模拟水分子；谷歌在 2020 年使用量子计算机成功模拟二氮烯，并对其化学反应进行模拟。目前量子计算能够模拟的分子依然较小，蛋白质、核酸、多糖等典型的生物大分子通常包含几千到几十万个原子，是目前能够模拟的简单分子的原子个数的几千到几十万倍。

　　随着硬件设备的性能提升和模拟软件的成熟完善，未来研发人员有望沿着从小分子到大分子、从无机物到有机物的方向最终实现对所有物质分子层面的模拟。量子计算的成熟可能会使得研发侧用于样品制备的费用减少，而用于量子计算开发的费用会增加，增强其数字化；销售侧由于新型药物产品线的丰富，市场规模有望呈指数提升。ProteinQure、Qu&Co、Riverlane 等公司均已布局量子计算在生物医药方面的应用（如表 2—14 所示）。

表 2—14　量子计算 + 生物医药应用探索案例

公司名称	具体应用
ProteinQure、Qu&Co、Riverlane	量子算法 + 化学分子模拟、组合优化
埃森哲、Biogen + 1Qbit	化学分子比较量子应用
华为	量子化学应用云服务
本源量子	量子化学应用软件

二、化工行业

化工行业与居民日常生活息息相关，手握大量科研经费，也已经形成了某些环节外包给合作方的习惯。但亦有不同，化工体系过于庞大，且利润水平远不如医药，所以对于化工行业来说非常注重

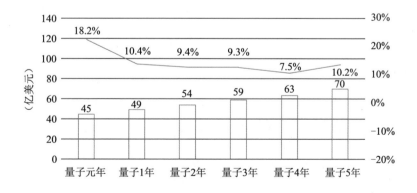

图 2—33　量子元年至量子 5 年全球化工行业量子计算潜在市场规模

工业化的过程，规模小于5亿元人民币的化工企业根本不存在科研部门。除非是世界顶级的化工企业，可能能够应用到量子计算的环节很少，由化工企业资助或扶植的科研机构，比如大学、研究院等部门对量子计算的需求可能更大。在化工企业内，工业设计和催化剂两个环节是量子计算最有应用前景的环节。未来化工行业量子计算的潜在市场规模预测如图2—33所示。

三、光伏行业

光伏在全球能源使用中仅占2%，2010年光伏发电仅在欧美地区有极少数的应用，由于当时光伏发电成本极高，整个行业严重依赖政府补贴，导致民营企业基本不可能进入。这一特性到2017年前后得到了改善，主要原因是光伏发电成本大幅下降，不过也正是因为光伏最开始依赖政府补贴的历史开端，导致现在光伏行业依然无法摆脱政府补贴的特性。

在"生产制造—布设电站—销售经营"这一简单的链条上，主要有两个方向需要计算：一个是元器件的制造，不过目前太阳能电池板的技术相对比较成熟，各方改善的意愿并不强烈；另一个是关于宏观环境要素的计算，光伏产业隶属于能源业，能源是当代工业和经济生活的命脉，所以光伏产业链条虽然短，但是十分宽泛和庞大，又因为能源行业利润问题，导致综合各种因素服务于商业模式创新的计算需求得到凸显。不过考虑到光伏行业外包研发的行业习惯尚未形成，量子计算渗透会比较缓慢。未来光伏行业量子计算的潜在市场规模预测如图2—34所示。

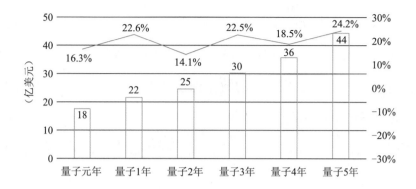

图2—34 量子元年至量子5年全球光伏行业
量子计算潜在市场规模

四、机器学习/人工智能

人工智能的概念早在20世纪50年代就已被提出，但受限于计算机硬件设备的性能，人工智能商业应用一直无法落地。2012年左右，业界开始意识并逐渐使用GPU、FPGA、ASIC等芯片作为AI算力，使得人工智能走出实验室开始商用。如今，商汤科技、深兰科技、脸书等公司已经基本能够利用人工智能实现人脸、手脉的准确识别；字节跳动等公司可以利用人工智能实现内容的精准推送；科大讯飞等公司可以利用人工智能实现自然语言的转译；特斯拉、百度等公司也在使用人工智能实现高程度的自动驾驶。今天人工智能已经逐步改变我们的生活，但人类对于人工智能的期待远不止于此，实现更深层次的人工智能是未来发展的方向。

5G时代的来临，对于量子计算而言更可谓是如鱼得水，数据的爆发速度将比以往更加猛烈。2020年，每人大约可以均摊到5200GB

以上的数据量，将近 40% 的信息都可能会被云提供商"触摸到"；约 1/3 的数据，即超过 13000EB 的数据将具有大数据价值。基于现有的计算能力，在如此庞大的数据面前，人工智能的训练学习过程将变得无比漫长，甚至完全无法实现最基本的人工智能，因为数据量已经超出内存和处理器的承载上限，这将极大限制人工智能的发展和应用。

在人工智能领域，科学家虽然推测量子计算机能够发挥较大作用，但目前仍然缺乏有实用价值的算法。未来，量子计算可能会在以下几个方面对包括机器学习在内的人工智能发展起到促进作用。

• 处理大量的数据：机器学习和人工智能均会涉及大量数据。量子计算机利用量子叠加态原理，信息表示能力相较经典计算机呈指数级增长，因而可以同时处理大量数据；

• 更好的机器学习模型：目前一些生物医药、金融投资等领域的机器学习模型的复杂程度已经接近经典计算机运行的极限，通过量子逻辑开发出新的量子算法可以用于解决最优路径，构建更好的机器学习模型；

• 更加准确的算法：监督学习在人工智能领域有着较为广泛的应用，比如图像识别、消费量的预测，量子计算机有望加速监督学习的运算；

• 使用更加复杂的数据集：量子计算因为可以同时处理大量数据，使其能运行更加复杂的数据集。

德国大众、摩根大通等企业均已开始和量子计算公司合作进行有关的开发（如表 2—15 所示）。

表 2— 15　量子计算 + 机器学习应用探索案例

公司名称	具体应用
谷歌 + 德国大众	量子路由算法和交通数据管理系统
摩根大通 + IBM	派生定价二次加速量子算法
BMO 金融集团 + 丰业银行 + Xanadu	量子蒙特卡洛算法
西班牙 CaixaBank + IBM	金融资产风险分析模拟项目
澳洲联邦银行 + Rigetti Computing	量子运算优化投资组合再平衡实验

未来机器学习行业量子计算的潜在市场规模预测如图 2—35 所示。

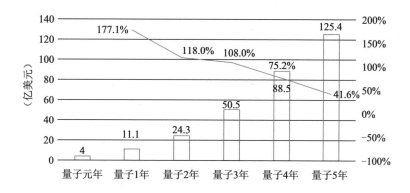

图 2—35　量子元年至量子 5 年全球机器学习量子计算潜在市场规模

五、加密密码破译

加密算法分成对称加密和非对称加密两种，非对称加密算法在目前互联网技术中具有重要地位。目前全球最常用的密码系统 RSA 采用了因数分解作为理论基础。由于两个质数的乘积容易得到，而对乘积进行因数分解非常困难，因而因数分解问题易守难攻，导致 RSA 加密容易解密难，目前难以通过已知的算法在传统计算机上进行破解。

而由于量子计算机可以把因数分解的计算量从指数级降低到多项式级别，因而可以破解 RSA 等现有主流加密算法基于大数质因数分解等复杂数学难题。1994 年开发的 Shor 量子算法已经在理论上被证明具有加速破解此类密码的能力（如图 2—36 所示）。虽然目前受限于硬件性能 Shor 算法能够做质因数分解的位数仍十分有限，但从长远来看仍是值得注意的技术问题甚至是社会话题，同时这也将对现有互联网底层架构产生挑战。斯诺登就曾透露美国国家安全局有一个绝密项目，计划建造一台专用于破解密码的量子计算机，用于破解国外政府的密电。

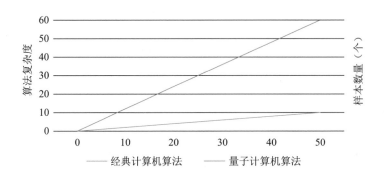

图 2—36   Shor 量子算法与经典算法复杂度对比

表 2—16   密码学主要算法破解情况

时间	破解算法	事　件
二战时期	——	图灵破解德军 Enigma 密码系统
1999 年	RSA-512	512 位密钥的 RSA-512 被破解
2004 年 8 月	MD5	在召开的国际密码会议上，来自山东大学的王小云教授做了破译 MD5、HAVAL-128、MD4 和 RIPEMD 算法的报告，轰动了全场

续 表

时间	破解算法	事 件
2009 年	RSA-768	768 位密钥的 RSA-768 被破解
2011 年	——	美国国家安全局建议停用 RSA-1024，改用 RSA-2048
2017 年 2 月	SHA-1	谷歌研究人员公布首例 SHA-1 哈希碰撞实例
2019 年 12 月	RSA-795	795 位密钥的 RSA-795 被破解

当今的密码学技术正把时下最热门的基于区块链加密技术的数字货币和基于量子计算机的破译密码技术连接到一起，区块链主要是用非对称加密算法来保护信息安全，而量子计算机以其无可比拟的计算能力，对传统密码形成攻击，使之可能被破解。在可见的未来，数字货币将不可避免地和量子计算展开博弈。[①]

在非对称密码体制下，加密和解密用的"钥匙"是不同的，通常一个是公开的，被称为公钥，而另一个是保密的，被称为私钥。公钥与私钥是一对，它们都是用算法生成的，如果用公钥对数据进行加密，那么只有用对应的私钥才能解密；如果给出私钥，很容易就能推导出对应的公钥；但私钥一般都是保密的，用公钥反向推导私钥则十分困难，计算过程会特别复杂，需要电子计算机一步步去串行求解。有时为破解一个密码体系而求解一个数值，电子计算机可能要算上万年，这样就能在一定程度上保证数字货币密码的安全性（如图 2—37 所示）。

但量子计算机的并行运算机制在处理此类复杂算法方面，计算难度大大降低，用 Shor 算法和 Grover 算法从公钥反向推导私钥在理

---

① 《数字货币与量子计算未来或有一战》，https：//www.sohu.com/a/36443374 3_ 100125973.

论上三天就能破解。未来应用基于 Hash 算法、纠错码、格密码、多变量二次方程组密码等多种密码联合机制可抵御量子计算机的攻击。

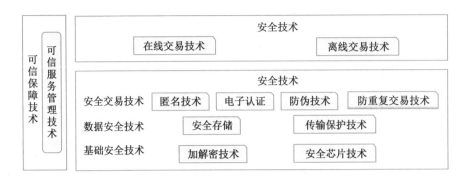

图 2—37　数字货币应用的核心技术

六、其他应用领域

搜索和数字安全对计算的需求更加直接，甚至是它们掌握下一个时代的重要技术跳板，所以这两个行业对量子计算的应用会体现出更多的内生性，也就是说这两个行业自主研发和应用的可能性要远大于使用外包业务。所以这两个行业量子计算的潜在市场规模，就是他们研发经费的一部分（如图 2—38、图 2—39 所示）。

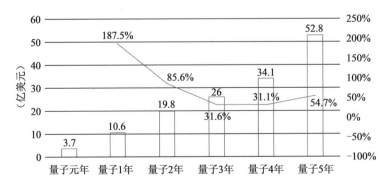

图 2—38　量子元年至量子 5 年全球搜索行业量子计算潜在市场规模

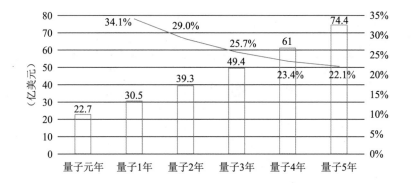

图 2—39 量子元年至量子 5 年全球数字安全量子计算潜在市场规模

第八节　我国量子计算发展应用
面临的问题与挑战

一、关键技术尚未突破，算力优势仍待证明

虽然近年来发展加速，但量子计算技术研究与应用仍处于发展早期阶段，大规模量子比特物理实现、量子纠错编码、量子算法软件等关键技术仍处于艰难的研究拓展阶段。量子系统脆弱性对计算准确度影响较大，现有系统的相干时间短、量子比特数量少，操控精度不足以运行已有的高级量子算法，其超越经典计算的计算性能优势尚未得到充分证明（如表2—17所示）。

表2—17　量子计算的技术瓶颈

技术瓶颈	具体描述
量子比特需要超低温	由于外界环境可以非常轻易地干扰量子计算机中量子的相干叠加态及计算结果的稳定性，量子计算机需要使用超导材料与外界环境隔绝，这些超导材料一般需要在约为0.1开尔文（即零下273.05摄氏度）的环境下工作，比宇宙星际空间的平均温度2.73开尔文还要低
相干时间仍然较短	由于量子计算机容易受外界环境的影响而导致退相干，因此所有的运算必须在退相干发生之前完成，才能保证运算结果的可靠性。而目前该时间的上限一般为100微秒（10的负6次方），意味着量子计算机必须在100微秒内完成全部运算流程
运算操作时间不够短	每一个量子门的运算操作时间需要50纳秒（10的负9次方），再加上纠错所需要的时间，为了获得可靠的结果，只能运行不超过2000个运算

二、发展模式仍在摸索，多方尚未形成合力

我国量子计算研发由研究机构主导，科技企业进入晚、参与度有限，初创企业仅有本源量子、量旋科技两家。科研体制较难适应量子计算领域快速变化的新情况，在产品工程化及应用推动方面与美国科技巨头主导的研究与应用发展模式存在差距。产学研用各方力量分散，结合不紧密，缺乏美国政府、科技企业、科研机构、产业界和投资力量等多方协同的发展模式。

三、产业基础存在短板，关键环节有受制于人的风险

量子计算属于交叉学科，需要量子物理、应用数学、计算机科学等多种专业的协同配合，我国在跨学科合作方面存在体制机制壁垒，效率有限。量子计算机研制属于巨型系统工程，涉及众多产业基础和工程实现环节，我国在高品质材料样品、工艺结构、制冷设备和测控系统等领域仍落后于西方发达国家，存在关键环节受制于他人的风险。

第三章

量子通信技术与
应用发展

量子通信利用微观粒子的量子叠加态或量子纠缠效应等进行信息或密钥传输，基于量子力学原理保证信息或密钥传输安全性，量子通信与现有通信技术不同，可以实现量子态作为信息载体的交互，利用单个光量子不可分割和量子不可克隆原理的性质，在原理上确保非授权方不能复制与窃取量子信道内传递的信息，以此保证信息传输安全。量子通信包括量子隐形传态（Quantum Teleportation，QT）和量子密钥分发（Quantum Key Distribution，QKD）两类（如图3—1所示），其中量子密钥分发是现阶段量子通信最主要的应用方式。

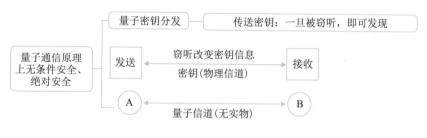

图3—1 量子密钥分发安全性原理图

量子通信和量子信息网络的研究和发展，将对信息安全和通信网络等领域产生重大变革和影响，其是迄今为止唯一被严格证明是无条件安全的通信方式，与传统通信技术相比，具有极高的安全性、保密性、信息传递效率与抗干扰性能，将成为下一代信息通信领域的科技发展和技术演进的支撑性技术。

但与此同时，需要指出的是量子通信并非能完全替代传统保密通信，两者之间可以形成差异化协同发展。传统保密通信是在现代密码学范畴内，基于数学算法，利用密码技术实现的加密通信。传统保密通信技术成熟度高、技术体系齐全、部署成本较低，但未来其算法可被量子计算破解，技术发展趋势是抗量子计算破译的后量子密码算法（Post Quantum Cryptography），目前尚未得到使用。传统保密通信适用于要求部署成本低、便利性强的应用场景，是目前的主流技术选择。

相比传统保密通信技术，量子保密通信基于物理机制，具有抵抗计算破解的信息理论安全，产品已达实用程度，但技术标准体系仍在建设中，部署成本高、技术和应用仍处于推广期，主要适用于具有长期性和高安全性需求的保密通信应用场景，例如政务、国防、金融以及电力等关键基础设施网络。

第一节 量子通信技术发展历程

一、量子通信技术发展历程

量子隐形传态和量子密钥分发的理论研究与产业应用发展历程如图3—2所示。

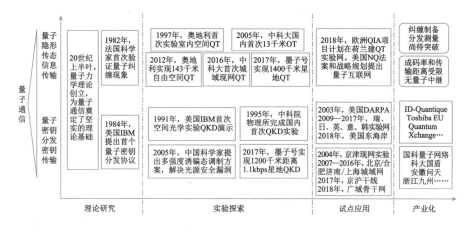

图3—2 量子通信技术发展历程

量子密钥分发城域组网中通常采用合分波器或光开关实现量子态光信道和同步光信道的波分复用或光通路切换（时分复用）。由于量子中继技术尚不成熟，目前量子密钥分发光纤系统长距离传输只能依靠密钥落地、逐跳中继的可信中继技术。可信中继节点的密钥存储管理和中继转发需要满足密码行业标准和管理规范的相关要求，并且站点通常需要满足信息安全等级保护的相关要求或具备相应的安全防护条件。

实际量子密钥分发系统和器件的某些非理想特性无法满足当前协议理论安全性证明的假设要求，量子密钥分发系统漏洞攻击和安全防护是科研领域的热点之一。虽然学术研究性质的漏洞攻击是否会对实际部署量子密钥分发系统的安全性产生现实影响还有待进一步评估与验证，但量子密钥分发技术研究和设备研发仍有必要进行持续的安全性测试和升级改进。

量子密钥分发技术演进发展方向主要包括增强系统性能、提升现实安全性和提高实用化水平三个方面。例如采用量子态信息高维编码（HD-QKD）和相位随机双光场（TF-QKD）等新型协议增强系统安全成码率和传输能力；采用新型测量设备无关（MDI-QKD）协议消除探测器相关安全漏洞，提升现实安全性水平；开展量子密钥分发系统与经典光通信系统的共纤传输和融合组网研究，以及基于光子集成技术的量子密钥分发器件芯片化研究，进一步提高其实用化水平。

近年来，量子密钥分发的实验研究不断突破传输距离和密钥成码率的纪录。2017 年，星地量子密钥分发的成码率已达到 10kbps 量级，成功验证了星地量子密钥分发的可行性；目前经过系统优化，密钥分发成码率已能够达到 100kbps 量级，具备了初步的实用价值。

2018 年 1 月，中国科学技术大学潘建伟教授团队和奥地利科学院联合报道了基于"墨子号"量子卫星实现 7600 公里距离的洲际量子密钥分发和量子保密通信（如图 3—3 所示），在可用时间窗口内，基于卫星中继的密钥传输平均速率约为 3kbps，在两地量子密钥分发密钥累积满一定数量之后，利用共享密钥技术，可以用于进行图片和视频会议等应用的加密传输。

图3—3 "墨子号"量子科学实验卫星

2018 年，东芝欧洲研究中心报道了新型相位随机化双光场编码和传输实验，实现 550 公里超低损耗光纤传输距离纪录，其中的双光场中心测量节点可以作为量子中继的一种替代方案。其还报道了基于 T12 改进型量子密钥分发协议和低密度奇偶校验码（Low Density Parity Check Code）的量子密钥分发系统实验，在 10 公里光纤信道连续运行 4 天，平均密钥成码率达到 13.72Mbps。[1] 量子密钥分发实验研究进一步提升了系统性能和传输能力，为未来应用推广奠定基础。

二、量子隐形传态发展现状

量子隐形传态基于通信双方的光子纠缠对分发（信道建立）、贝

---

[1] Zhiliang Yuan, Alan Plews, Ririka Takahashi, Kazuaki Doi, Winci Tam, Andrew W. Sharpe, "10-Mb/s Quantum Key Distribution", Journal of Lightwave Technology, Vol. 36, Iss. 16, August 2018.

尔态测量（信息调制）和幺正变换（信息解调）实现任意未知量子态信息直接传输，其中量子态信息解调需要借助传统通信辅助才能完成。量子隐形传态与量子计算融合形成量子信息网络，是未来量子信息技术的重要发展方向之一。

量子隐形传态实现了不需要传递实物粒子而将粒子状态传送给远方接受者。如图 3—4 所示，两个纠缠量子（粒子）对，然后将其分开（Alice 持有粒子 1，Bob 持有粒子 2），Alice 粒子 1 和某一个未知量子态的粒子 3 进行联合测量，然后将测量结果通过经典信道传送给 Bob。Bob 持有的粒子 2 将随着 Alice 测量同时发生改变，由一量子态变成新的量子态（由于量子纠缠的作用）。Bob 根据接收的信息和拥有粒子 2 做相应幺正变换即可重构出粒子 3 的全貌。

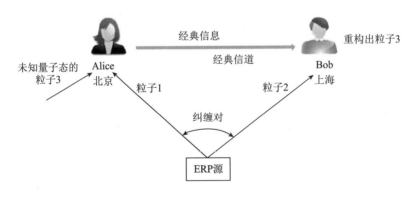

图 3—4　量子态隐形传输过程

20 世纪上半叶，量子力学理论的创立和发展以及量子叠加、量子纠缠和非定域性等概念的提出和讨论为量子通信奠定了理论基础。20 世纪 80 年代初法国科学家首次用实验观测到光子系统中的"量子纠缠"现象的存在；奥地利维也纳大学在 1997 年完成了首个室内自由空间量子隐形传态实验，2012 年报道了 143 公里自由空间最远距离量子隐形传态实验；2015 年日本电报电话公司（Nippon Tele-graph and Telephone）报道了 102 公里超低损光纤最远距离量子隐形传态实验。

我国中国科学技术大学、中国科学院、清华大学和南京大学等院所自 2005 年起在北京八达岭和青海湖等地陆续开展了一系列自由空间量子隐形传态实验；2015 年完成首个自由空间单光子偏振态和轨道角动量双自由度量子隐形传态实验；2017 年中国科学技术大学基于量子科学实验卫星"墨子号"，实现了星地之间的量子隐形传态传输，低轨卫星与地面站采用上行链路实现了量子态信息传输，最远传输距离达到 1400 公里，成为目前量子隐形传态自由空间传输距离的最远纪录；2019 年南京大学报道基于无人机开展空地量子纠缠分发和测量实验，无人机携带光学发射机载荷，首次实现与地面接收站点之间 200 米以上距离的基于无人机移动平台的量子纠缠分发。①

现阶段各类基于量子隐形传态量子通信的实验报道仍主要局限在各种平台和环境条件下的实验探索，包括高品质纠缠制备、量子态存储中继和高效率量子态检测等关键技术瓶颈尚未突破，距离实用化仍有一定距离。量子隐形传态中的纠缠光源目前通常采用激光器和非线性晶体组合制备，纠缠光子对生成属于基于测量验证的后验概率过程，生成效率和应用场景受限，高品质确定性纠缠光源的实用化前景仍不明朗。

---

① 《南京大学首次实现基于无人机的量子纠缠分发》，https：//www.sohu.com/a/368308557_652340.

此外，纠缠光子对在分发传输过程中，极易受到环境噪声和量子噪声的影响而产生消相干效应，量子纠缠特性难以保持。采用基于量子态存储和纠缠交换技术的量子中继，可以克服量子纠缠分发过程中的消相干问题，延长传输距离。但是，目前量子态存储的各种技术方案，如气态冷原子系统、稀土离子掺杂晶体和 QED 腔原子囚禁等，在存储时间、保真度、存储容量和效率等方面各有优缺点，尚无一种技术方案能同时满足全部指标的实用化要求，量子存储和量子中继技术仍有待研究突破。

表3—1　量子隐形传态和量子密钥分发的对比

	量子隐形传态	量子密钥分发
主要依据特性	量子纠缠态	量子不可再分、不可克隆
传输比特类型	量子比特	经典比特
是否必需量子纠缠	是	否
是否使用经典网络	是	是
通信计算机类型	量子计算机	经典计算机
是否已经产业化	否	是

基于量子隐形传态的量子通信和量子互联网仍将是未来量子信息技术领域的前沿研究热点。美国国家量子倡议法案（National Quantum Initiative）将基于量子隐形传态的安全通信以及通过量子互联网实现量子计算机的大规模互联与信息通信列为三大支柱应用领域之一①；欧盟投资 10 亿欧元启动的"量子旗舰计划"项目（The

---

① 《美国国家量子倡议：从法案到行动》，http：//www.worldscience.cn/qk/2019/8y/zg/603600.shtml.

European Quantum Technologies Flagship Programme）在首批资助项目中，成立量子互联网联盟（Quantum Internet Alliance），支持来自欧洲各地的 12 家机构和公司组成的研究机构团体，[①] 采用囚禁离子和光子波长转换技术探索实现量子隐形传态和量子存储中继，并计划在荷兰四个城市之间，建立全球首个光纤量子隐形传态实验网络，基于纠缠交换实现量子态信息的直接传输和多点组网。

三、量子密钥分发发展现状

量子密钥分发通过对单光子或光场正则分量的量子态制备、传输和测量，首先在收发双方间实现无法被窃听的安全密钥共享，之后再与传统保密通信技术相结合完成经典信息的加解密和安全传输，基于量子密钥分发提供的密钥并采用对称加密体制实现业务信息的加密传输被称为量子保密通信，其系统原理如图 3—5 所示。量子密钥分发是首个从实验室走向实际应用的量子通信技术分支，其可以提升网络信息安全保障能力。

量子密钥分发利用单光子作为信息载体，单光子于物理上不能再分，窃听方不能经过窃取低于 1 个光子且检测该状态的方式得到信息。尽管窃听方能够在截取单光子以后检测该状态，但测量这一过程会引发光子状态干扰，传输方与接收方很快就能探测到窃听行为。且由于量子的不可克隆原理，窃听方无法通过复制单光子量子态从而获得相关密钥信息（如表 3—2 所示）。简单来说，通过密钥

---

① 《欧洲打出 10 亿欧元量子赌注的第一张牌》，http：//www. worldscience. cn/zt/zkgc/594684. shtml.

对信息进行加密，但密钥信息无法被复制，且窃听行为将导致密钥信息发生变化从而被准确被探知。因此，目前主流的 RSA 加密"不是不能破解，只是很难破解"不同，量子密钥分发能够实现信息的原理上无条件安全。

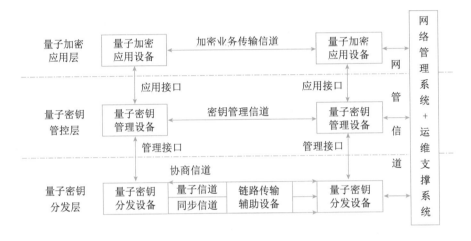

图3—5　量子保密通信系统原理图

表3—2　基于量子力学原理保障通信安全性

对比项目	量子保密通信	非量子保密通信
技术原理	①利用量子密钥分发技术实现在线对称密钥分发；②结合对称密码技术实现加密通信。 主要差异在于步骤1，这是一种基于物理原理的技术手段，其安全性由单量子不可分、不可复制、测不准等量子物理特性保障。其实现对称密钥在线分发流程是：发送方将随机数编码在单量子态上，发送给接收方，接收方测量接收到的量子态，双方保留接收到并正确测量的结果，结合纠错分析等处理得到对称的密钥	①人工配送或者利用非对称密码（公私钥）技术协商实现在线对称密钥分发；②结合对称密码技术实现加密通信。 主要差异在于步骤1，人工配送方式较繁琐，非对称密码则是一种基于计算复杂性

续　表

对比项目	量子保密通信	非量子保密通信
研发过程	①物理学与密码学的交叉研究提出理论方案；②描述安全假设，开展安全证明；③检测系统（主要是光电前端）对安全假设的偏离，发展解决偏离的方案，逼近安全证明模型；④建立相关测评技术和标准，开发工程化设备。研发处理的对象主要是光学和电子学的物理机制	①计算科学与密码学的交叉研究提出密码算法；②评估算法的可用性（功能及其运算量）和安全性，接受充分的破解挑战；③制定标准规范，开发算法芯片与相关密码机设备。研发处理的对象主要是数学算法（专用集成电路归于通用技术）
代际特点	到目前为止，并没有公认的代际划分。主要演化过程如下：1984 年提出的 BB84 协议是量子密钥分发概念的开端；2005 年提出以诱骗态方案解决光源不理想问题，开始出现主流协议的原型系统；2012 年提出测量设备无关 QKD 协议；2018 年，在 MDI 协议的基础上又提出双场 QKD 协议。当前成熟的产品均使用诱骗态 BB84 协议，只是在成码距离、成码速率、模块化集成及环境适应性等方面不断提升，以及在应用场景的持续拓展	1949 年《保密系统的通信理论》的提出是现代密码学的开端，基于对称密码的加密和认证是密码的主要应用。1976 年公钥密码学的提出，开拓了密码学的新应用，是一次技术飞跃。但到目前为止，对称密码和公钥密码都在普遍使用，分别用于实现不同的密码学功能，因此并没有公认的代际划分。不同的密码算法在功能上都服从现代密码学的框架体系，只是具体算法实现和运算量等有差异，并针对发现的算法缺陷进行改良或替换
发展趋势	中近期发展趋势：QKD 设备的芯片化研制、轻便化的自由空间（无线）QKD、更好的设备抗攻击设计、结合 QKD 的新型密码应用技术等。远期发展趋势：基于专用量子计算的量子中继技术	抗量子计算破译的新型密码算法等

　　量子密钥分发设备结合光开关、波分复用器等传输辅助设备完成量子态光信号物理层传输和点到点量子密钥分发密钥生成。量子

密钥管理设备负责网元管理、密钥管理和基于可信中继的端到端密钥生成。量子加密应用设备，主要包括量子加密 VPN（Virtual Private Network）和量子加密路由器等，使用量子密钥分发密钥对业务信号进行加密处理和传输接收。量子加密应用设备和传统保密通信设备在加密算法、校验算法、整体功能和性能等方面基本一致，主要区别在于使用量子密钥分发密钥替换传统保密通信中双方通过协商得到的加密密钥。

1984 年美国 IBM 公司的物理学家 Bennett 和密码学家 Brassard 提出了利用"单量子不可克隆定理"实现密钥分发的方案，后称 BB84 协议，使量子密钥分发技术研究从理论探索走向现实[①]；2005 年中国和加拿大学者提出了多强度诱骗态调制方案，解决了量子密钥分发系统中的弱相干脉冲光源的多光子安全漏洞，为量子通信的实用化打开了大门。目前成熟的产品均使用诱骗态 BB84 协议，支持 BB84 协议的量子密钥分发技术逐步已达实用水平，相关技术、设备的支撑能力将逐步从城域发展到城际以及星地。

2003 年开始，世界各国逐步开展了量子密钥分发试点应用和实验网建设，产生了一批由科研机构转化的初创型企业。经过 30 余年的发展，量子密钥分发从理论协议到器件系统初步成熟，目前已进入产业化应用的初级阶段（如图 3—6、表 3—3 所示）。

---

① C. H. Bennett and G. Brassard, in Proceedings of IEEE International Conference on Computers, Systems, and Signal Processing（IEEE, New York, Bangalore, India, 1984）, pp. 175-179.

图3—6 量子密钥分发技术研究现状

表3—3 中美量子通信发展历程关键事件

美国		中国	
阶段	事件	阶段	事件
1984—1992 年 概念提出	①Charles H. Bennett 和 Gilles Brassard 提出第一个量子密码通信方案，即 BB84 方案；②Bennett 提出 B92 方案，与 Bessette 在实验上演示了量子密钥分发技术	1995—2000 年 学习研究	①1995 年我国最早实现量子密钥分发实验；②2000 年利用单模光纤完成了 1.1 千米的量子密钥分发演示实验
1993—2005 年 实验演示	①量子密钥分发实验实现 100 千米以上通信距离，但通信的安全距离只有 10 千米 ②美国国防部高级研究署建立了第一个量子通信试验网络	2001—2005 年 初步发展	①2002—2003 年间，实现了 50 千米和 67 千米光纤量子密钥分发 ②2005 年实现北京与天津之间 125 千米的商用光纤中完成了量子密钥分发的演示性实验 ③2005 年与加拿大学者一同提出多强度诱骗态调制方案的提出标志着量子通信走向实用化

续　表

美国		中国	
阶段	事件	阶段	事件
2006—2010 年领域尝试	①美国 Los Alamos 国家实验室基于诱骗方案，实现了安全距离为 107 千米的光线量子通信实验；②构建量子城域通信网络	2006—2010 年领域尝试	①2006 年，在世界上首次利用诱骗态方案实现了安全距离超 100 千米的光纤量子密钥分发实验；②2008 年，研制了基于诱骗态的光纤量子通信原型系统，成功组建了世界上首个 3 节点链状光量子电话网；③2009 年，建成了世界上首个全通型量子通信网络，首次实现了代表国际先进水平的实时语音量子保密通信。标志着中国在城域量子网络关键技术方面已经达到了产业化要求
2010 年至今应用推广	①环美量子通信骨干网络项目公布，为 Google、Amazon、Mircosoft 等互联网巨头的 IDC 之间提供安全通信保障服务；②NASA 提出星地量子通信计划，Quantum Xchange 提出链接华盛顿和波士顿的 800 千米商用 QKD 线路建设计划	2010 年至今应用推广	战略部署阶段、战略实施阶段和产业化推广阶段。全球首条量子保密通信干线"京沪干线"项目启动；世界首颗量子科学实验卫星"墨子号"发射升空；建设量子通信城域网

量子密钥分发协议根据量子态信息编码方式不同，可以分为针对单光子调制的离散变量（Discrete Variable）协议和针对光场正则分量调制的连续变量（Continuous Variable）协议。

1. 离散变量量子密钥分发技术（DV-QKD）

DV-QKD 包括 BB84 协议、差分相移（Differential Phase Shift）

协议和相干单向（Coherent One-Way）协议等多种方案，其中又以 BB84 协议应用最为成熟、安全性证明更为完备、系统设备商用化水平较高。集成诱骗态调制的 BB84-QKD 设备根据单光子量子态调制解调方式不同，还可以进一步细分为偏振调制型、相位调制型和时间相位调制型等种类。BB84 协议后处理流程主要包括筛选（Sifting）、误码估计（Error Estimation）、纠错核对（Error Correction）、结果校验（Confirmation）和保密增强（Privacy Amplification）五个步骤。其中，误码估计和保密增强是保障量子密钥分发安全性的核心步骤，纠错核对算法效率是限制量子密钥分发安全成码率的瓶颈之一。

DV-QKD 系统中的单光子探测器（Single-Photon Detector）是限制安全成码率的另一个主要瓶颈。目前商用 DV-QKD 系统中主要采用雪崩二极管探测器（Avalanche Photodiode Detector），探测效率较低（<20%）；新型超导纳米线单光子探测器（Superconducting Nanowire Single-Photon Detector）光子探测效率很高（约为90%），但要求接近绝对零度（−273℃）的工作环境，集成化和工程化存在困难。

由于协议算法处理和关键器件性能的限制，量子密钥分发系统传输距离和密钥速率有限，且二者相互制约。日内瓦大学报道了实验室条件下 DV-QKD 超低损光纤单跨段最远传输距离为421.1公里（71.9dB 损耗），对应安全密钥成码率约为0.25bit/s，在250公里光纤传输距离对应密钥成码率为 5kbit/s，[1] 使用极低暗记数率

---

[1] Alberto Boaron, Gianluca Boso, Davide Rusca, Cédric Vulliez, Claire Autebert, Misael Caloz, Matthieu Perrenoud, Gaëtan Gras, Félix Bussières, Ming-Jun Li, Daniel Nolan, Anthony Martin, and Hugo Zbinden, "Secure Quantum Key Distribution over 421 km of Optical Fiber", Phys. Rev. Lett., Vol. 121, Iss. 19, November 2018.

（0.1Hz）的超导纳米线单光子探测器；最高密钥成码率为11.53Mbit/s，光纤传输距离为10公里（2dB 损耗）。

2. 连续变量量子密钥分发技术（CV-QKD）

CV-QKD 是未来最有潜力的发展方向之一，其中的高斯调制相干态（GG02）协议应用广泛，系统采用与经典光通信相同的相干激光器（Coherent Laser）和平衡零差探测器（Balanced Homodyne Detector），具有集成度与成本方面的优势，量子态信号检测效率可达80%，便于和现有光通信系统及网络进行融合部署。其主要局限是协议后处理算法复杂度高，长距离高损耗信道下的密钥成码率较低，并且协议安全性证明仍有待进一步完善。

第二节　量子通信学术专利情况

随着美、欧、英、日、韩等国的量子通信研发及试点应用的发展，专利作为重要的技术保护手段受到产学研界的高度重视，该领域全球相关专利申请和授权快速增长。其中，美国和日本在量子通信领域的早期专利申请量较多（如图3—7所示）。

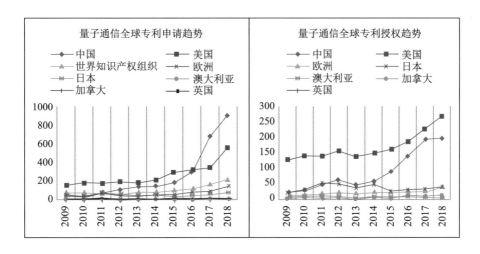

图3—7　量子通信领域全球专利申请和专利授权发展趋势

近年来，中国已经跻身于国际一流的量子信息研究行列。通过中国专利文摘数据库（China Patent Abstract Database）和世界专利文摘数据库（World Patent Abstract Database "SIPOABS"）检索得知，在2008年之前，中国在量子通信领域的专利申请量一直处于较为低迷的状态，年均专利申请量不足5件，约为全球同期相关专利申请量不足10%。但从 2009 年起，在各方大力支持下，量子通信基础研究和应用探索方面投入了大量的人力物力财力进行研究，专利申请地域向中国转移，申请量呈现出快速增长的态势。2011 年至今，中国在量子通信领域的专利申请量已占据全球专利申请总量的 48% 以上，占比遥遥领先，增长趋势明显。[①] 随着我国量子保密通信产业的发展，预计未来专利申请和授权量还将继续上升，而且也将吸引更多的外国公司来华布局专利。

从全球来看，量子通信专利申请超过 1.4 万件，近 6000 个专利族，申请主要来自美国、中国、欧洲、日本和韩国（如图 3—8 所示）。

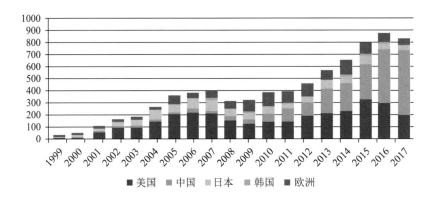

图3—8　全球量子通信技术专利申请情况

截至 2018 年末，在量子通信专利申请全球排名前十位的申请人中，中国占据 5 位，大多数为企业，且与高校、科研院所有合作关系，尤其是中国科学技术大学。其中科大国盾量子技术股份有限公

① 《我国量子通信专利申请态势分析》，http：//www.iprchn.com/Index_ News-Content.aspx？NewsId=116879.

司、安徽问天量子科技股份有限公司、浙江神州量子网络科技有限公司、北京邮电大学、国家电网公司分别以 44 件、42 件、32 件、29 件、27 件相关专利申请排名第二、三、六、七、十位。

值得注意的是，在量子通信领域专利申请量排名第一位的是日本的东芝株式会社（KABUSHIKI KAISHA TOSHIBA），其相关专利申请量为 85 件，在设备调制速率和单光子探测性能技术方面较为领先。其余的国外专利申请人分别为英国电信集团（British Telecom），其专利申请量为 38 件；加拿大 D-Wave Systems 的相关专利申请量为 33 件；日本电报电话公司的相关专利申请量为 28 件；美国洛斯阿拉莫斯国家实验室（Los Alamos National Laboratory）的相关专利申请量为 27 件，它们分别位列该领域全球专利申请的第四、五、八、九名。

在学术论文方面，2005 年之后，量子密钥分发技术研究从理论探索开始走向实用化，相关研究论文数量持续上升，其中 70% 的研究论文在近十年内发表，文献引证数量也在不断增加，2018 年发文量创新高。中、美、加、德、新、英等国以科研机构为主，日本则主要来自企业。我国中国科学技术大学、北京邮电大学、清华大学、中国科学院、上海交通大学等院校的科研论文发表数量排名前列。

相比之下，量子隐形传态的论文发表数量在 2005 年之前一直高于量子密钥分发，但近年来论文数量保持平稳并呈下降趋势，与其关键技术瓶颈仍未取得突破有一定关系。除欧、美、日科研机构外，我国的中国科学技术大学、中国科学院、电子科技大学和清华大学的论文发表数量也名列前茅（如表 3—4 所示）。

表 3—4　量子通信领域主要论文发表机构

	量子密钥分发过去5年重要科研机构	国别		量子隐形传态过去5年重要科研机构	国别
1	中国科学技术大学	中国	1	马克思普朗克学会	德国
2	蒙特利尔大学	加拿大	2	代尔夫特理工大学	荷兰
3	IBM	美国	3	多伦多大学	日本
4	多伦多大学	加拿大	4	布里斯托大学	英国
5	马克思普朗克学会	德国	5	中国科学技术大学	中国
6	东芝	日本	6	维也纳大学	奥地利
7	北京邮电大学	中国	7	中国科学院	中国
8	麻省理工学院	美国	8	牛津大学	英国
9	清华大学	中国	9	日本国家信息与通信研究院	日本
10	中国科学院	中国	10	格拉斯哥大学	英国
11	布里斯托大学	英国	11	奥地利科学院	奥地利
12	滑铁卢大学	加拿大	12	日内瓦大学	瑞士
13	日内瓦大学	瑞士	13	麻省理工学院	美国
14	上海交通大学	中国	14	电子科技大学	中国
15	亚利桑那大学	美国	15	清华大学	中国
16	比戈大学	西班牙	16	新加坡国立大学	新加坡
17	日本国家信息与通信研究院	日本	17	剑桥大学	英国
18	奥地利国家技术研究院	奥地利	18	加州理工学院	美国
19	新加坡国立大学	新加坡	19	斯威本科技大学	澳大利亚
20	日本电报电话公司	日本	20	哥本哈根大学	丹麦

第三节　全球量子保密通信网络建设发展格局

基于量子密钥分发的量子保密通信是量子信息领域中率先进入实用化的技术方向，也是未来抵御窃听和破译挑战，持续提升信息安全保障能力的可选技术方案之一。近年来，作为未来信息安全的基础和方向之一，量子保密通信试点应用项目和实验网络建设在全球多国逐步开展。中、美、欧、日、韩、俄等世界主要国家均有所部署和行动，在国家层面制订战略计划，支持其发展。①

一、美国

1. 美国国防部高级研究计划局（Defense Advanced Research Projects Agency）

DARPA 研发的量子密钥分发网络是全世界第一个实地建设的可应用于互联网的量子保密通信实验网②，其于 2002 年开始架构设计，2003 年 10 月在 BBN 科技公司（BBN Technologies）的实验室正式开始全面运作；2004 年 6 月该保密通信网络在连接 BBN 科技公司、哈佛大学和波士顿大学的剑桥街地下光纤中进行了连续运行。此次连

---

① 《2020 年中国量子保密通信网络建设发展状况分析》，https：//new. qq. com/rain/a/20200616A0N9R000.

② 许华醒：《量子通信网络发展概述》，《中国电子科学研究院学报》2014 年第 3 期。

续运行的 DARPA 网络是一个 6 节点量子网络（如图 3—9 所示），其中 4 个节点在 BBN 科技公司内部，另外 2 个节点由美国国家标准与技术研究院（National Institute of Standards and Technology）和 QinetiQ 公司提供。2006 年 DARPA 成功建设 8 节点的量子密钥分发网络；2007 年该网络成功建设到 10 节点。

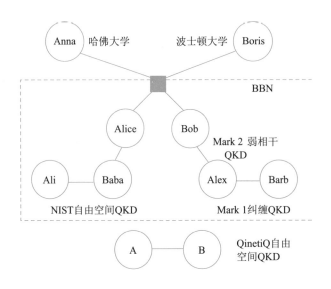

图 3—9　DARPA 量子密钥分发网络结构

DARPA 量子密钥分发网络支持多种量子密钥分发技术，其中包括光纤信道的相对调制量子密钥分发、光纤信道的纠缠光纤量子密钥分发和自由空间量子密钥分发技术。该通信网络包含的量子密钥分发系统有 4 种，其中 2 种是 BBN 科技公司团队研制的利用弱相干光源的量子密钥分发系统和基于纠缠光源的量子密钥分发系统，另外 2 种是由美国国家标准与技术研究院利用了衰减激光脉冲原理的量子分配系统和 QinetiQ 公司的自由空间量子密钥分发系统。

2. 美国国家标准与技术研究院

2006 年，美国国家标准与技术研究院演示了一个"三用户有源量子网络"，包括一个发射端（Alice）和两个接收端（Bob1、Bob2），发射端与接收端使用有源光开关相连接，每个接收端与发射端相距约 1 公里并通过光纤联通，其筛选之后的密钥速率超过 1Mb/s（如图 3—10 所示）。

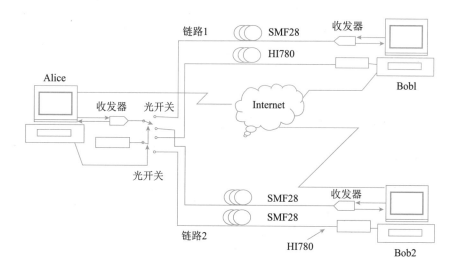

图 3—10　美国国家标准与技术研究院 3 节点量子保密通信网络结构

该通信网络在 Alice 发射端有 2 个用来改变通信波长的光开关，经典通信使用 1550 纳米波段，量子通信使用 850 纳米波段。在发射端和一号接收端之间，可以使用 850 纳米单模光纤的量子信道（HI780）或标准电信光纤的经典信道（SMF28），它们的长度均为 1 公里。在发射端和二号接收端之间，经典信道和量子信道均为标准电信光纤，长度也均为 1 公里。在量子信道末端，有一小段具有空间滤波器功能的 HI780 纤维，用来消除混杂在 1550 纳米纤维中的

850 纳米高模式成分。整个网络系统采用编程可控的偏振控制器补偿偏振在光纤中的传输变化，其中一号接收端采用液晶型偏振控制器，二号接收端采用压电型偏振控制器。

3. 美国洛斯阿拉莫斯国家实验室

2000 年，美国洛斯阿拉莫斯国家实验室的研究成果使量子通信在自由空间里进行的量子密钥分发的传输距离达到 1.6 公里[①]；2006 年，该实验室进一步实现了其提出的诱骗态方案，完成了超过 100 公里的量子保密通信实验，基本达到城际量子保密通信对于距离方面的要求。

洛斯阿拉莫斯国家实验室的量子通信网络是一个以独立网络为核心的量子通信网，基于"轴—辐"式网络架构，所有传输的信息都经过"轴"，所有进入"轴"的信息都经过量子加密，当信息到达"轴"时，先转变成传统的信息形式，再转变成量子比特向外辐射状传送。所以，在该量子通信网络系统中只要"轴"安全，整个网络就安全。

2012 年 12 月，洛斯阿拉莫斯国家实验室的研究小组在伊利诺伊大学香槟分校（University of Illinois Urbana-Champaign）演示了量子保密通信在政府能源电网可靠网络基础设施数据传输中的优势。在测试中，该研究小组使用了 25 公里的光纤链路，发现通信等待时间仅仅约为 125 微秒，与传统保密通信相比，有更高的安全性和更好

---

① Butiler, W. T., Hughes, R. J., Lamoreaux, S. K., et al., "Daylight Quantum Key Distribution over 1.6km", Physical Review Letter, Vol. 84, Iss. 24, Jun 2000: https://journals. aps. org/prl/abstract/10. 1103/PhysRevLett. 84. 5652.

的高效性。

4. 美国伯特利公司（Battelle）

2012 年 6 月，美国伯特利公司和瑞士 ID Quantique 公司合作，开始着手建立美国首个商用量子保密通信网络——伯特利量子通信网络，其具体建设主要分为四个步骤。

（1）在实验室内对 30 公里至 100 公里的盘卷光纤量子密钥分发系统进行测试；

（2）在俄亥俄州的哥伦布市，使用现有的商用通信设备及商用光纤，连接测试位于两个不同位置的量子密钥分发系统，测试距离为 25 公里至 50 公里；

（3）2015 年中下旬，在哥伦布市内使用商用光纤以及可信的节点结构，建立一个城域环形拓扑结构量子密钥分发网络，并使其连接多名用户；

（4）2016 年，使用可信的中继结构及商用光纤，在哥伦布市与首都华盛顿特区之间建立一个长距离量子通信骨干网络连接两地，位于华盛顿特区的伯特利办公室也加入了这个网络，该通信骨干网络的拓扑网络结构如图 3—11 所示。

2013 年 10 月，在 ID Quantique 公司的帮助下，伯特利公司成功地在公司总部所在地俄亥俄州哥伦布市和位于俄亥俄州都柏林市的第二办公室之间建立起了量子保密通信网络，全长约为 12 英里。伯特利公司在这两个地方之间的金融、知识产权、图纸、设计以及其他机要通信数据都受到量子保密通信网络的保护。

2014 年初，伯特利量子保密通信网络的第一阶段完成，其测试系统位于伯特利公司总部。

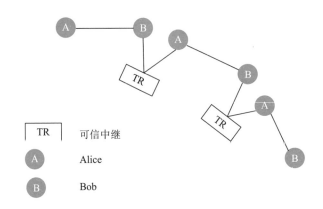

图 3—11　基于可信中继节点的长距离城域量子通信网络

5. 美国国家航空航天局

2012 年，美国国家航空航天局联合澳大利亚量子网络安全解决方案提供商 Quintessence Labs 公司提出建设量子保密通信干线，其光纤线路由位于洛杉矶的喷气推进实验室（Jet Propulsion Laboratory）到 NASA 的 Amess 研究中心，规划包含星地量子通信、无人机及飞行器的量子通信连接。NASA 建设的量子保密通信干线包括陆地 CV-QKD 网络和自由空间 CV-QKD 网络。其中，陆地 CV-QKD 网络部分在美国能源部能源科学网络（Energy Sciences Network）的暗光纤骨干网上运行，其由洛杉矶和加州湾区的杰尼维尔之间长达 550 公里的光纤进行连接，量子密钥分发与经典通信共享光纤流量，并且在量子通信中使用了密集波分复用（Dense Wavelength Division Multi-plexing）技术。该量子保密通信干线主要使用短距离的量子中继器、长距离的量子转发器以及光路由器。自由空间 CV-QKD 网络建立了城市间的量子通信链路，包含与无人机和飞行器之间的自由空间链路，以及与卫星之间的自由空间链路，同样也包括自由空间与光纤链路的光连接点。

6. Quantum Xchange 公司

2018 年，美国量子安全加密技术创新公司 Quantum Xchange 公布连接华盛顿特区和波士顿的 800 公里商用量子密钥分发线路建设计划，并提供商业服务，其目标是将华尔街的金融市场和新泽西州的后台业务连接起来，帮助银行实现高价值交易和关键任务数据的安全，并计划将服务范围拓展至健康医疗和关键基础设施领域（如图 3—12 所示）。

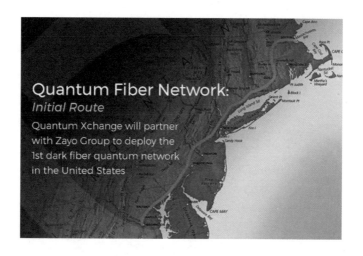

图 3—12　美国首个州级商用量子密钥分发网络

二、欧盟

1. 欧洲 SECOQC 量子通信实验网络（Secure Communication based on Quantum Cryptography）

欧洲 SECOQC 量子通信实验网络于 2003 年开始设计，2004 年开始建设；2008 年，由英国、法国、德国、意大利等欧洲国家在奥地利首都维也纳成功建成，并与瑞士量子等项目进行了量子密钥分发组网验证。该量子通信实验网络集成了单光子、纠缠光子和连续变量光子等多种量子密钥收发系统，使西门子公司总部和其子公司之间建立了量子通信连接。整个 SECOQC 量子通信实验网络的 6 个网络节点之间通过 8 条点对点量子密钥分发系统相互连接（如图 3—13 所示）。[①] SECOQC 量子通信实验网络的 8 条链路中，有 7 条是光纤信道，最长为 85km，平均链路长度为 20～30km，可确保在 25km 光纤链路上安全密钥率超过 1kb/秒。

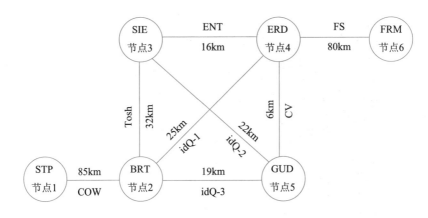

图 3—13　SECOQC 量子通信实验网络连接结构示意图

SECOQC 量子通信实验网络采用的是建立可信中继节点方式连接多个子网实现量子保密通信（如图 3—14 所示）。基于可信中继网络及中间层的技术，SECOQC 量子通信网络可以做到应用层与底层密钥生成设备无关。只要密钥生成设备满足 SECOQC 量子通信网络

---

① The Home Page of the Integrated Project SECOQC, Sixth Framework Program of the European Union [EB/OL].

的接口规范，它可作为可信中继网络的节点进行接入。SECOQC 量子通信实验网络建立之后经过了一个月的测试，能够稳定运行。在运行过程中，该量子通信实验网络也成功演示了定时更新密钥的高级加密标准算法（Advanced Encryption Standard）对 VPN 进行加密的实验，检验了 IP 电话机和基于 IP 的视频会议系统的可靠性，实现了现有条件下的远距离、高安全通信。SECOQC 量子通信实验网络的缺点是不能应用于目前广泛存在的通信网络，该网络只能在所有中继节点均完全可信的情况下才能运行。

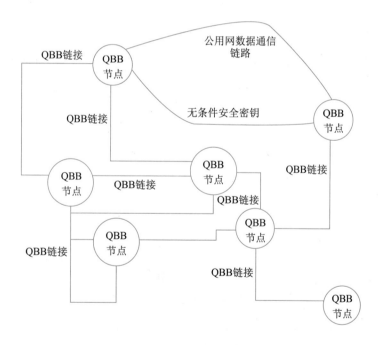

图 3—14　SECOQC 量子通信实验网络结构图

　　欧洲 SECOQC 量子通信实验网络和美国 DARPA 量子密钥分发网络在量子密钥的分配手段上有所不同（如表 3—5 所示）。

表3—5　量子密钥分配方式对比表

名称	采用量子密钥分发手段
美国 DARPA 量子密钥分发网络	光纤信道的相对调制量子密钥分发、光纤信道的纠缠光源量子密钥分发和自由空间量子密钥分发技术
欧洲 SECOQC 量子通信实验网络	"即插即用"量子密钥分发；单向相位编码诱变态 BB84 协议系统；基于弱相干光的 COW 时间编码量子密钥分发；基于偏振纠缠光子对的系统（ENT）；基于高斯调制的相干态，采用 RR 协议的连接变量量子密钥分发系统（CV）；短距离自由空间诱骗态的 BB84 系统

2. 瑞士日内瓦量子通信网络

2009 年，瑞士日内瓦量子城域通信开始运作。该网络以三个节点为主体，每个主节点又分为两个子节点，构成了三条端到端的链路，最长为 17.1km，最短为 3.7km。该网络的节点分别位于瑞士和法国，是世界上第一个国际量子通信网络。

该网络由虚拟局域网监控，每条端到端的链路均有一个虚拟局域网。此外，还有两个防火墙，分别用来组织非法用户通过网络连接服务器和限制访问管理网络。每个端到端链路均包括一对商用量子密钥分发设备 id5100，该设备基于 Plug & Play 结构，网络运行标准为 BB84 协议或者 SARG 04 协议，用于密钥提纯，每次筛选的密钥为 125 万 ~ 175 万比特。

3. 西班牙马德里量子保密通信网络

2008 年 11 月，Computing 学院量子计算与信息研究所开发出了马德里量子保密通信网络；2010 年该网络被部署在西班牙各城市之间的通信网络中。

该保密通信网络包括骨干网与接入网，与美国国家标准与技术研究院的量子通信网络相比，该网络骨干网的量子信道使用 1550 纳米波长，经典信道使用 1470 纳米和 1510 纳米波长（如表 3—6 所示）。而接入网使用 GPON（Gigabit Passive Optical Network）标准，通信过程使用诱骗态 BB84 协议，信道容忍的损耗为 15dB，每秒密钥生成率为几比特。在误码率为零的条件下，该网络传输率最高为 100kb/秒。在骨干网端到端的测试中，当距离为 6 公里时，密钥生成率为 500b/秒；距离为 10 公里时，密钥生成率为 100b/秒。各个信道之间的串扰比较严重，距离增加到 4.5 公里时，系统已不能生成安全密钥。

表 3—6　西班牙马德里与美国国家标准与技术研究院的
量子保密通信网络对比表

名称	经典信道	量子信道	特　点
西班牙马德里量子保密通信网络	1470 纳米和 1510 纳米	1550 纳米	①各个信道之间的串扰比较严重；②该网络能够满足 256 比特 AES 加密的密钥更新速率
美国国家标准与技术研究院量子通信网络	1550 纳米	850 纳米	①利用 HI780 纤维具有空间滤波器的功能，用来消除混杂在 1550 纳米纤维中的 850 纳米高模式成分；②采用编程可控的偏振控制器补偿偏振在光纤中的传输变化

4. 法国巴黎量子通信网络

SECOQC 项目结束后，夏尔·法布里实验室把 CV-QKD 研究成果转移到巴黎高等电信学院的量子信息小组，该小组同时成立 SeQureNet 公司，共同推动 CV-QKD 的发展。理论方面，该小组近年来给出了一系列 CV-QKD 理论安全方面最前沿的证明；在实用化领域，该小组提出的多维协商后处理方案以及使用在低信噪比的纠错码已经在 CV-QKD 研究领域被广泛使用。

2011 年 SeQureNet 公司使用 CV-QKD 设备配合传统 AES 加密设备在实际 20 公里光纤链路上稳定运行长达 6 个月。2013 年 SeQureNet 公司实现了 80 公里范围内 CV-QKD 传输距离的突破。期间，巴黎高等电信学院（Télécom ParisTech）的量子信息小组还致力于 CV-QKD 的研究，诸如 CV-QKD 实际设备安全性和经典光网络融合。该小组将继续与巴黎高科高等光学学校（Institut d'Optique Gratuate School）进行合作，开展芯片集成和自由空间 CV-QKD 的研究。

2014 年法国政府在巴黎创立了巴黎量子计算中心（Paris Centre for Quantum Computing），将法国国家科研中心（Centre national de la recherche scientifique）、巴黎高等电信学院、法国国家信息与自动化研究所（Institut national de recherche en informatique et en automatique）、巴黎第六大学（Université Pierre et Marie Curie）、巴黎高科高等光学学校、法国原子能研究署（Commissariat a I'energie Atomique）等法国定价研究机构联合起来，进行量子物理理论、量子通信、量子计算等方面的研究。

5. 意大利量子通信网络

意大利启动了总长约 1700 公里的连接弗雷瑞斯（Frejus）和马泰拉（Matera）的量子通信骨干网建设计划，截至 2017 年已建成连接弗雷瑞斯（Frejus）—都灵（Turin）—佛罗伦萨（Florence）的量子通信骨干线路，其用户囊括了意大利国家计量研究院、欧洲非线性光谱实验室、意大利航天局等多家研究机构和公司。

2016 年，欧盟"量子宣言"旗舰计划公布泛欧量子安全互联网规划，规划支持西班牙和法国等地运营商开展量子密钥分发实验网络建设，与科研项目结合进行商业化应用探索。2018 年 5 月 7 日，量子技术旗舰计划项下的"量子协调和支持行动工作组"（Quantum Coordination and Support Action）向欧盟委员会提交工作《Supporting Quantum Technologies beyond H2020》报告[①]，提出"在量子通信基础设施方面，要建立基于光纤的城市量子密钥分发网络、城域骨干网络，以及用于偏远地区的卫星或高空平台（High Altitude Platform Station），目标是为全球量子通信网络奠定基础"。按照计划，五年内将发射一颗低地球轨道卫星（Low Earth Orbit Sattelite），与地面站连接建立量子安全网络；预计未来十年，地面量子通信总投入在 3.5 亿欧元左右，天基量子通信总投入约为 11 亿欧元。

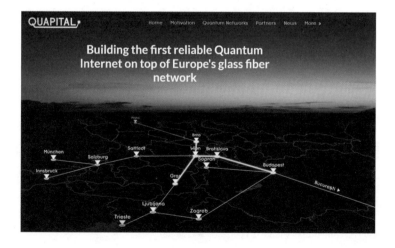

图 3—15　泛欧量子通信基础设施

---

① 《Supporting Quantum Technologies beyond H2020》，https：//qt. eu/app/uploads/2018/05/Supporting-QT-beyond-H2020_ v1. 1. pdf.

三、英国

2014 年，英国在伯明翰、格拉斯哥、牛津和约克四所大学设立量子中心用于量子保密通信的研究。同年，英国电信和东芝两家公司于英国伊普斯维奇的 BT 研发中心，共同在常规光纤通信网络上整合量子保密技术，首次成功地将量子密码学搭载于 10Gbps 数据传输信号的光纤上传输。[①]

2015 年，英国启动建设英国国家量子通信测试网络（如图 3—16 所示）[②]，目前已经建成连接布里斯托、剑桥、南安普顿和 UCL 的干线网络，并于 2018 年 6 月扩展到英国国家物理实验室（National Physical Laboratory）和英国电信公司 Adastral Park 研发中心，该网络由英国 2015 年启动的国家量子技术专项予以支持，由约克大学牵头建设。[③④⑤]

2016 年，英国政府科学办公室（Government Office for Science）

[①] 魏慧：《英国电信携手东芝揭幕英国全英首家量子保密展示厅》，http：// zhuanti. cww. net. cn/news/html/2016/10/17/201617162570762. htm.

[②] QCommHub_ Annual-Report-2014-15，https：//www. quantumcommshub. net/wp-content/src/QCommHub_ Annual-Report-2014-15. pdf.

[③] BT and partners take quantum leap towards "ultra-secure" future networks：https：//newsroom. bt. com/bt-and-partners-take-quantum-leap-towards-ultra-secure-future-networks/.

[④] UKNational quantum technologies programme，http：//uknqt. epsrc. ac. uk/.

[⑤] UK Quantum Technology Hub for Quantum Communications Technologies：https：// www. quantumcommshub. net/wp-content/src/QCommHub_ Annual-Report-2014-15. pdf.

发布报告《量子时代：技术机会》,[①] 将量子通信列为英国量子技术的五大应用领域之一，指出量子通信能够保证高敏感信息传送的安全，特别是英国工业和政府网络的安全，因此需要充分探索和使用量子密钥分发技术，同时还明确建议英国国家网络安全中心（National Cyber Security Centre）应该支持量子密钥分发在现实环境中使用真实数据开展试点试验。

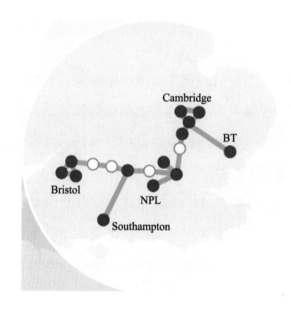

图 3—16 英国国家量子通信测试网示意图

四、日本

日本政府从 2001 年开始，先后制定了以新一代量子信息通信技

---

① The Quantum Age：technological oppotunities：https：//assets. publishing. service. gov. uk/government/uploads/system/uploads/attachment_ data/file/564946/gs-16-18-quantu m-technologies-report. pdf.

术为对象的长期研究战略和量子信息通信技术发展路线图。量子信息被确定为 21 世纪的国家战略项目,日本国家情报通信研究机构(National Institute of Information and Communications Techonology)为该项目的主要攻研机构。同年,该机构开始对量子信息通信项目中量子通信基础设施方面进行研究。

而后,NICT 建成东京量子密钥分发系统,该系统最远通信距离为 90 公里,最快的节点间通信速率达到 304kb/s,在全网络上可进行视频通话。[①]

2010 年 10 月,日本在 NICT 的 JGN2plus 宽带网络上,开发出了安全性强的以量子保密为原理的多点电视会议系统。该系统用于国家级的保密通信和重要基础设施的监控和通信,也可实际应用于金融领域的保密通信。

2010 年,日本 NICT 与一些欧洲量子领域的研究机构合作,正式建成东京 4 节点城域量子保密通信试验床网络,并在该量子网络上开展了原理上无条件安全的视频传输、窃听检测以及二次安全链路的重路由等关键技术的演示(如图 3—17 所示)。[②]

2011 年 9 月,日本在东京量子密钥分发网络建立了新的试验床环境"JGN-eXtreme"。自此日本 NICT 有关量子领域的研究实验进入第三阶段中期(如图 3—18 所示)。

[①] 中国电力科学研究院:《2012 年电力通信管理暨智能电网通信技术论坛论文集:2012 年卷》,人民邮电出版社 2012 年版。

[②] 宋向东:《量子加密视频通话系统日本问世》,http://wenku.baidu.com/view/fa5b4f1314791711cc79174a.html.

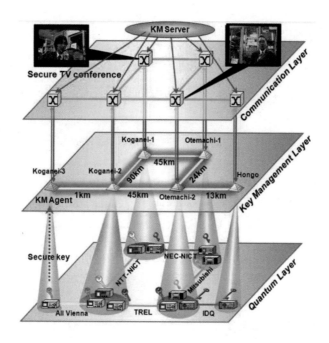

图3—17　东京量子保密通信试验床网络

	第1阶段（2001—2005年）	第2阶段（2006—2010年）	第3阶段（2011—2015年）
NICT实验室	量子信源&信道编码	光学CV信息处理	量子解码器
	量子信源&信道编码		光子探测器
NICT研究组织	纠缠光子源（NTT）		
		电信波段的量子调制与解调技术（AIST、NIMS、Nihon.U）	
	QKD基础技术（Mitsubishi、NEC、U.Tokyo）	QKD网络技术（NEC Mitsubishi、NTT）	安全光子网络（6个团队）
		量子中继器基础技术（Ni、NTT）	量子中继器系统技术（4个团队）
			UQCC项目：形成工业、政府、研究机构的量子信息通信合作平台

图3—18　NICT量子通信领域研究路线

2016年3月，NICT项目第三阶段完成，开展量子密码网络的实用化应用。东京量子保密通信试验网络包含4个节点（如图3—19

所示），节点之间由商用光纤线缆连接，包括许多接续点和连接器，其特点是网络损耗高且易受环境波动影响。该网络基于可信节点而建，并实验检测了电视会议和移动电话在该网络上的安全性。

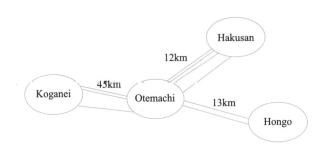

图 3—19　东京量子密钥分发网络节点地理分布

东京量子密钥分发实验网融合了 6 套量子密钥分发系统，最远传输距离达到 90 公里，主要采用了包括诱骗态 BB84 协议、BBM92 协议、SARG 协议和差分相位协议在内的四种协议。该通信网络的逻辑拓扑结构示意图如图 3—20 所示，该网络实现了在长达 45 公里的距离内进行安全有效的视频会议。除此之外，该网络还开启了包括一个量子通信手机的应用接口作为创新。

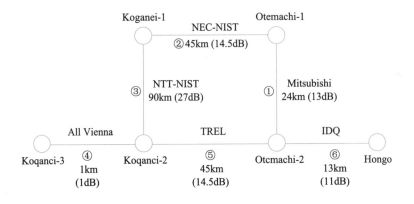

图 3—20　东京量子密钥分发网络逻辑拓扑结构示意图

东京量子密钥分发网主要在量子密钥分发系统的稳定性、应用平台、小型化装置和长期运行等方面进行了研究，其研究包括了在不同环境下的量子密钥分发系统稳定性技术、供电技术以及系统自动恢复技术等重要项目。该网络还建立了以量子密钥分发网络器件为基础的主动反馈机制，完成了应用平台的安全性保障、特定的身份认证以及长期运行性能的测试。

五、韩国

韩国计划到 2020 年分三阶段建设国家量子保密通信测试网络（如图 3—21 所示）。[①] 目前第一阶段环首尔地区的量子保密通信网络已于 2016 年 3 月完成，该阶段网络自 2015 年 7 月启动，由韩国科学信息通信技术和未来规划部（Ministry of Science and ICT）资助，韩国最大的移动通讯运营商 SK 电讯牵头，联合企业、学校、研究机构等多家单位共同完成，网络总长约 256 公里。[②] 目前的用户主要集中在公共行政事务、警察和邮政等领域，正在向国防和金融领域拓展。

2018 年 2 月，SK 电信宣布以约 6500 万美元的价格收购了瑞士一家提供量子安全密码服务的科技公司 ID Quantique50% 以上的股份，成为其最大股东，ID Quantique 能够提供初步商用化的量子密钥

[①] Nicolas Gisin and Hugo Zbinden, Quantum Information Processing：https：//docbox. etsi. org/workshop/2014/201410_ crypto/s01_ setting_ the_ scene/s01_ gisin. pdf.

[②] SKTelecom-led Consortium Completes Roll-out of National Test Networks for Quantum Cryptography Communication：https：//www. businesswire. com/news/home/2016030400549 0/en/SK-Telecom-led-Consortium-Completes-Roll-out-National-Test.

分发系统器件、终端设备和整体应用解决方案，全球客户较多，国际影响较大。而这次收购的主要目的是介入量子密钥分发技术领域，开发应用于电信和物联网市场的有关量子技术产品。①

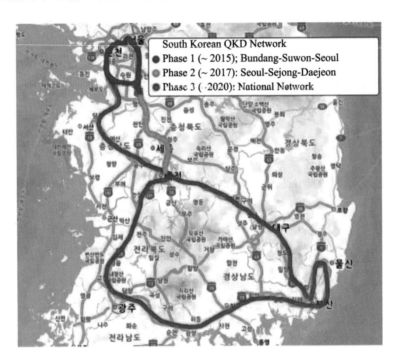

图3—21　韩国量子保密通信网络建设规划

六、俄罗斯

2016年8月，俄罗斯已经在其鞑靼斯坦共和国境内正式启动了首条多节点量子互联网络试点项目，该量子网络目前连接了四个节点，每个节点之间的距离为30～40公里。

---

① ID Quantique partners with SK Telecom：https：//www. idquantique. com/id-quantique-sk-telecom-join-forces.

此外，2017年9月俄罗斯国家开发银行在访问中国科学技术大学上海研究院时表示，计划投资约50亿元人民币专项资金用于支持俄罗斯量子中心开展量子通信研究，并计划借鉴京沪干线建设经验，在俄罗斯建设量子保密通信网络基础设施，先期将建设莫斯科到圣彼得堡的线路。另外，俄罗斯量子中心为俄罗斯储蓄银行总部和一家支行间建成了专用于传递真实金融数据的俄罗斯首条实用量子通信线路。

七、中国

作为国家战略性产业，量子通信产业的发展受到了国家战略、技术引领、产业推动、工程建设等多个方面政策的支持，国家相关部委制定了一系列推动骨干网、城域网等量子保密通信网络的相关政策、规划（如表3—7所示）。除了《国民经济和社会发展第十三个五年规划纲要》《"十三五"国家战略性新兴产业发展规划》等重要的国家规划之外，发改委还将国家广域量子保密通信骨干网络建设一期工程列入到了2018年新一代信息基础设施建设工程拟支持项目名单之中。在2019年最新出台的《长江三角洲区域一体化发展规划纲要》中，量子通信也成为长三角未来规划布局产业重点。

而在国家相关政策规划的基础上，北京、上海、广州、枣庄、安徽、贵州、金华、贵阳、海口、昆明、南京等近20个省、自治区、直辖市政府也制定了"十三五"发展规划、科技创新规划等，以支持量子通信网络建设。

表3—7　我国量子保密通信网络相关政策规划

产业政策名称	颁布日期	颁布机构	主要相关内容
《国家中长期科学和技术发展规划纲要（2006—2020年）》	2006年2月	国务院	重点研究量子通信的载体和调控原理及方法，量子计算，电荷—自旋—相位—轨道等关联规律以及新的量子调控方法，受限小量子体系的新量子效应，人工带隙材料的宏观量子效应
《2006量子通信的年国家信息化发展战略》	2006年5月	中共中央办公厅、国务院办公厅	到2020年，我国信息化发展的战略目标是：综合信息基础设施基本普及，信息技术自主创新能力显著增强，信息产业结构全面优化，国家信息安全保障水平大幅提高，国民经济和社会信息化取得明显成效
《国家"十二五"科学和技术发展规划》	2011年7月	科技部	突破光子信息处理、量子通信、量子计算、太赫兹通信、新型计算系统体系、网构软件、海量数据处理、智能感知与交互等重点技术，攻克普适服务、人机物交互等核心关键技术等
《量子调控研究国家重大科学研究计划"十二五"专项规划》	2012年5月	科技部	在新物质态和新原理原型器件的研究方面取得重要突破，探索和发现若干全新的关联电子体系材料、小量子体系材料和人工带隙材料，推进量子通信技术的实用化和量子技术标准与协议的制定，开发具有自主知识产权的关联材料设计和计算软件平台。在量子信息、关联电子体系、小量子体系和人工带隙体系等方面取得国际一流水平的成果
《产业结构调整指导目录（2011年）》（2013年修正）	2013年2月	发改委	"第一类鼓励类"之"二十八、信息产业"之"40.量子通信设备"

产业政策名称	颁布日期	颁布机构	主要相关内容
《国家重大科技基础设施建设中长期规划（2012—2030 年）》	2013 年 2 月	国务院	为突破未来网络基础理论和支撑新一代互联网实验，建设未来网络试验设施，主要包括：原创性网络设备系统，资源监控管理系统，涵盖云计算服务、物联网应用、空间信息网络仿真、网络信息安全、高性能集成电路验证以及量子通信网络等开放式网络试验系统
《中国制造 2025》	2015 年 5 月	国务院	信息通信设备。掌握新型计算、高速互联、先进存储、体系化安全保障等核心技术，全面突破第五代移动通信（5G）技术、核心路由交换技术、超高速大容量智能光传输技术、"未来网络"核心技术和体系架构，积极推动量子计算、神经网络等发展
《国家民用空间基础设施中长期发展规划（2015—2025 年）》	2015 年 10 月	发改委、财政部、国防科工局	超前部署科研任务之（二）通信广播卫星科研任务：……开展激光通信、量子通信、卫星信息安全抗干扰等先进技术研究与验证
《中共中央关于制定国民经济和社会发展第十三个五年规划的建议》	2015 年 10 月	第十八届中央委员会第五次会议	坚持战略和前沿导向，集中支持事关发展全局的基础研究和共性关键技术研究，加快突破新一代信息通信、新能源、新材料、航空航天、生物医药、智能制造等领域核心技术
《产业关键共性技术发展指南（2015 年）》	2015 年 11 月	工信部	确定优先发展的产业关键共性技术205 项，其中，电子信息与通信业39项，包括高速光通信关键器件和芯片技术

产业政策名称	颁布日期	颁布机构	主要相关内容
《中华人民共和国国民经济和社会发展第十三个五年规划纲要》	2016 年 3 月	第十二届全国人民代表大会第四次会议	加强前瞻布局，在空天海洋、信息网络、生命科学、核技术等领域，培育一批战略性产业。大力发展新型飞行器及航行器、新一代作业平台和空天一体化观测系统，着力构建量子通信和泛在安全物联网，加快发展合成生物和再生医学技术，加速开发新一代核电装备和小型核动力系统、民用核分析与成像，打造未来发展新优势
《国家创新驱动发展战略纲要》	2016 年 5 月	国务院	面向 2030 年，坚持有所为有所不为，尽快启动航空发动机及燃气轮机重大项目，在量子通信、信息网络、智能制造和机器人、深空深海探测、重点新材料和新能源、脑科学、健康医疗等领域，充分论证，把准方向，明确重点，再部署一批体现国家战略意图的重大科技项目和工程
《长江三角洲城市群发展规划》	2016 年 6 月	发改委	加强智慧城市网络安全管理，积极建设"京沪干线"量子通信工程，推动量子通信技术在上海、合肥、芜湖等城市使用，促进量子通信技术在政府部门、军队和金融机构等应用
《"十三五"国家科技创新规划》	2016 年 7 月	国务院	面向 2030 年，再选择一批体现国家战略意图的重大科技项目，力争有所突破。从更长远的战略需求出发，坚持有所为、有所不为，力争在航空发动机及燃气轮机、深海空间站、量子通信与量子计算、脑科学与类脑研究、国家网络空间安全……科技创新 2030 重大项目包括量子通信与量子计算机。研发城域、城际、自由空间量子通信技术，研制通用量子计算原型机和实用化量子模拟机

产业政策名称	颁布日期	颁布机构	主要相关内容
《中国科学院"十三五"发展规划纲要》	2016年8月	中科院	要加强核心器件的自主研发，开展城域量子通信、城际量子通信、卫星量子通信关键技术研发，初步构建空地一体的广域量子通信网络体系，力争在卫星量子通信技术上实现突破
《"十三五"国家战略性新兴产业发展规划》	2016年11月	国务院	加强关键技术和产品研发……布局太赫兹通信、可见光通信等技术研发，持续推动量子密钥技术应用
《"十三五"国家信息化规划》	2016年12月	国务院	强化战略性前沿技术超前布局。……加强量子通信、未来网络、类脑计算、人工智能、全息显示、虚拟现实、大数据认知分析、新型非易失性存储、无人驾驶交通工具、区块链、基因编辑等新技术基础研发和前沿布局，构筑新赛场先发主导优势
《中原城市群发展规划》	2016年12月	发改委	信息安全保障工程。支持郑州、宿州应用推广城域量子通信网络；以强化基础网络安全、信息系统安全、重点行业工控系统安全等为重点，提升应急基础平台、灾难备份平台、测评认证平台等设施支撑能力
《信息通信行业发展规划（2016—2020年)》	2016年12月	工信部	发挥互联网企业创新主体地位和主导作用，以技术创新为突破，带动移动互联网、5G、云计算、大数据、物联网、虚拟现实、人工智能、3D打印、量子通信等领域核心技术的研发和产业化
《战略性新兴产业重点产品和服务指导目录（2016年版)》	2017年1月	发改委	包括信息安全咨询服务、信息系统安全集成、网络安全维护服务、信息安全风险评估、信息系统等级保护咨询、攻击防护服务、加密保密服务、网络安全应急服务

产业政策名称	颁布日期	颁布机构	主要相关内容
《"十三五"国家基础研究专项规划》	2017 年 5 月	科技部、教育部、中科院、国家自然科学基金委员会	奠定我国在新一轮信息技术国际竞争中的科技基础和优势方向。量子通信研究面向多用户联网的量子通信关键技术和成套设备，率先突破量子保密通信技术，建设超远距离光纤量子通信网，开展星地量子通信系统研究，构建完整的空地一体广域量子通信网络体系，与经典通信网络实现无缝链接
《关于组织实施 2018 年新一代信息基础设施建设工程的通知》	2017 年 11 月	发改委办公厅	国家广域量子保密通信骨干网络建设一期工程，即以量子保密通信子通信研究面向多用户联网的量子通信关键技术和成套设备，率先突破量子保密通信技术，建设超远距离光纤量子通信网，开展星地量子通信系统研究，构建完整的空地一体广域量子通信网络体系，与经典通信网络实现无缝链接与成像，打造未来发展新优势一流水平系，进一步推进其在信息通信领域及政务、金融、电力等行业的应用
《国务院关于全面加强基础科学研究的若干意见》	2018 年 1 月	国务院	优化国家科技计划基础研究支持体系……拓展实施国家重大科技项目，加快实施量子通信与量子计算机、脑科学与类脑研究等"科技创新 2030 重大项目"，推动对其他重大基础前沿和战略必争领域的前瞻部署
《2018 年新一代信息基础设施建设工程拟支持项目名单》	2018 年 2 月	发改委	"国科量子通信网络有限公司国家广域量子保密通信骨干网络建设工程项目"为支持项目之一
《山东省量子技术创新发展规划（2018—2025 年)》	2018 年 3 月	山东省科学技术局	先行建设连接济南青岛、横贯我省东西的量子保密通信"齐鲁干线"及城域量子保密通信网络

续 表

产业政策名称	颁布日期	颁布机构	主要相关内容
《金融和重要领域密码应用与创新发展工作规划（2018—2022年)》	2018年7月	中共中央办公厅、国务院办公厅	大力推动密码科技创新，加强密码基础理论、关键技术和应用研究，促进密码与量子技术、云计算、大数据、物联网、人工智能、区块链等新兴技术融合创新
《济南市人民政府关于加快建设量子信息大科学中心的若干政策措施》	2019年9月	济南市	该政策是我国城市出台的首个量子信息产业专项政策。政策主要明确了打造量子信息大科学中心、建设量子谷的具体目标和建设任务，从建设量子信息大科学中心、集聚量子创新创业人才、培育量子信息产业发展新动能、培育量子信息产业发展新动能、培育量子信息产业发展新动能五个方面，提出了15条具体措施。对符合条件的量子企业在济南设立的高端科技研发机构或分支机构，在仪器设备购置、项目研发、人才团队引进等科研条件建设方面给予资金支持，最高支持1亿元
《产业结构调整指导目录》	2019年10月	发改委	鼓励量子通信设备研发应用
《长江三角区域一体化发展规划纲要》	2019年12月	中共中央、国务院	统筹规划长三角数据中心，推进区域信息枢纽港建设，实现数据中心和存算资源协同布局。加快量子通信产业发展，统筹布局和规划建设量子保密通信干线网，实现与国家广域量子保密通信骨干网络无缝对接，开展量子通信应用试点。加强长三角现代化测绘基准体系建设，实现卫星导航定位基准服务系统互联互通
《关于科技创新支撑复工复产和经济平稳运行的若干措施》	2020年3月	科技部	大力推动关键核心技术攻关，加大5G、量子通信重大科技项目的实施和支持力度，突破关键核心技术，促进科技成果的转化应用和产业化，培育一批创新型企业和高科技产业，增强经济发展新动能

我国面临的信息安全形势复杂，在国防军事、政务、金融、互联网云服务和电力等关键基础设施领域，提高信息安全保障能力的需求较为紧迫，量子保密通信的试点应用呈现出高端需求牵引、政策驱动、快速发展的特点。目前，凭着巨大的资金投入和政策支持，我国量子保密通信试点应用项目数量和网络建设规模处于全球领先，并且多项建设纪录领跑全球。

我国作为率先部署大规模量子保密通信网络的国家，为了推动量子保密通信网络的进一步发展和产业链成熟，正在尝试建立完整的网络运营模式，由专业的量子保密通信网络运营商，构建广域量子保密通信网络基础设施，为各行业的客户提供稳定、可靠、标准化的量子安全服务。截至2018年底，我国已建成的实用化光纤量子保密通信网络总长（光纤皮长）已达7000余公里。

目前，我国的量子保密通信网络的建设主要分为几个层级：

（1）国家骨干网（一级干线）：已经建成的包括量子保密通信"京沪干线""武合干线"，正在建设中的国家广域量子骨干网（"星地一体、多横多纵"，总长约3.5万公里，预计总投资7.78亿元，项目内容包括京汉、沪合、汉广量子保密通信骨干网，5个卫星地面站，量子保密通信城域接入网，IP承载网，运营服务支撑系统以及其他相关配套设施等）；

（2）省骨干网（二级干线）：已经建成的"合巢芜"城际量子通信网、江苏省宁苏量子干线、阿里巴巴OTN量子安全加密通信系统、齐鲁干线、京雄量子加密通信干线等多个网络；

（3）城域网：合肥、济南、武汉、北京、上海、贵阳、宿州、枣庄、乌鲁木齐、金华等多个城域网已建设完成，西安城域网在建设之中，广州、成都、南京、海口的城域网正在规划建设之中，主要以骨干网沿线为主（预期未来3—5年，京津冀、长三角、珠三角、西南地区、中西部地区等城市将陆续新建或扩建量子通信城域网）；

（4）卫星地面站：目前已经建成新疆、上海地面站，北京、广州、成都、海南卫星地面站已规划建设；

（5）行业应用：目前主要针对政府、金融、电力、国防、互联网等重点行业（如表3—8所示）；

（6）量子卫星：在"墨子号"的基础上，通过量子卫星建立起来的网络，量子密钥分发将可以实现全球网络覆盖。

同时已经建成的保密通信网络也有持续扩容和升级改造的需求在不断释放，例如济南于2013年建设了我国第一个以实际应用为目标的大型量子通信网络投入使用之后，还有二期项目、济南量子通信试验网运维及升级改造项目，形成了"网络建设—接入应用—网络扩容"的良性循环。

表3—8 量子保密通信网络的行业实际应用类型①

领域	应用内容
军事国防	军事国防领域对信息安全要求非常高，能较快地实现量子通信大规模应用。量子通信将建立作战区域内机动的安全军事通信网络；信息对抗方面，改进军用光网信息传输保密性，提高信息的保护和对抗能力；深海通信方面，为远洋深海安全通信开辟新途径；利用量子隐形传态以及量子通信原理上无条件安全、超大信道容量、超高通信速率、远距离传输和信息高效率等特点，建立满足军事特殊需求的信息网络

① 《华安证券—量子通信：政治局集体学习有望催发主题行情》，http：//www.hibor.com.c17/repinfodetail_ 143304.html.

领域	应用内容
国家政务	政府机关单位（如公安、工商、地税、财政）的通信对信息的安全性也有较高要求，我国多地已建成量子政务网。依托广域通信网的建成，在政务单位搭建量子通信节点，节点内的用户可以在提供量子安全下的实时语音通信、实时文本通信及文件传输等功能，保证信息传递的安全性
金融	交易网络化、系统化、快速化和货币数字化已经是当前金融业最重要的特点，这对金融信息系统的安全保密性提出了严格的要求。金融信息系统必须保证金融交易的机密性、完整性、访问控制、鉴别、审计、追踪、可用性、抗抵赖性和可靠性。目前中国量子通信已经可以为银行、证券、期货、基金等金融机构开展数据中心异地灾备、企业网银实时转账等应用
云服务	随着 5G 的部署深入，未来大量数据和业务都将集中于云计算数据中心，因此数据中心对信息安全的要求也较高，量子通信有望在云服务中实现应用
电力	电力系统涉及发、变、输、配、用等多个流程，系统复杂，且对安全、稳定、可靠方面有着较高要求。电力系统关系国计民生，在中国大力推动智能电网建设和输配电改革的基础上，量子通信有望帮助电力系统实现安全稳定可靠运行

具体来看，2004 年中国科学技术大学完成从北京到天津的 125 公里光纤线路，完成首次量子密码现网传输，并创下最长的传输记录。2008 年潘建伟院士团队在合肥市实现国际上首个全通型量子通信网络。之后，我国也在城域网量子通信网络、量子商用干线和量子卫星等方面的建设创造多项世界纪录。

2016 年 8 月 16 日，我国在酒泉卫星发射中心用长征二号运载火箭成功发射世界首颗科学实验量子通信卫星"墨子号"，使得人类首次具备在空间尺度开展量子科学实验的能力；同年 12 月，潘建伟院士团队及其产业公司开展的全球首条商用量子保密通信线路——"京沪干线"技术验证与应用示范项目全线贯通,总长超过2000公里,是全球距离最远的广域光纤量子通信骨干线路,接入北京、济南、合肥和上海四地量子保密通信城域网络,并与"墨子号"连接,构成天地一体化量子通信网络的雏形,其采用可信中继方案进行密钥中继,这也标志着我国量子通信技术产业化已经成熟,率先进入广域网建设阶段,处于世界领先水平。2018年,通过与"墨子号"量子科学试验卫星连接,国家广域量子保密通信骨干网络建设一期工程开始实施,在"京沪干线"基础上,增加武汉和广州两个骨干节点,新建北京—武汉—广州线路和武汉—合肥—上海线路,并接入若干已有和新建城域网络。2019年12月30日,我国研制的全球首个可移动量子卫星地面站与"墨子号"卫星对接成功。"星地一体"的网络构建完成以后,中国量子通信正式开启了产业化的新时代。

此外,中国科学技术大学郭光灿院士团队联合相关企业建设了从合肥到芜湖的"合巢芜城际量子密码通信网络"以及从南京到苏州总长近600公里的"宁苏量子干线"。华南师范大学刘颂豪院士团队和清华大学龙桂鲁教授团队联合启动建设覆盖粤港澳大湾区的"广佛肇量子安全通信网络"。这些均为未来政府、金融机构等客户在量子通信上开展技术验证和行业应用打下坚实的基础。

近十年来,我国各领域、各地区在量子保密通信网络建设的投入不断增加,尤其进入2016年以后,开工建设和投入使用的通信网络数量、规模明显上升,其中绝大多数网络由公司提供量子通信系列产品和解决方案。

表3— 9　2009—2020 年中国量子保密通信主要试点应用项目与网络建设情况①

序号	名　称	地点	建设状态
1	5 节点全通型量子通信网络	合肥	2009 年建成
2	7 节点量子政务网	芜湖	2009 年建成
3	新中国成立 60 周年阅兵量子保密热线	北京	2009 年建成
4	合肥城域量子通信试验示范网	合肥	2012 年建成
5	新华社金融信息量子通信验证网	北京	2012 年建成
6	十八大量子安全通信保障	北京	2012 年建成
7	"合巢芜"城际量子通信网	合肥—芜湖	2012 年建成
8	济南量子通信试验网	济南	2013 年建成
9	公安量子安全通信试点工程	合肥	2014 年建成
10	抗战胜利 70 周年阅兵量子密话及传输系统	北京	2015 年建成
11	"墨子号"量子科学实验卫星广域量子密钥应用平台	各地	2017 年建成
12	量子保密通信"京沪干线"（2032 公里）	北京—上海	2017 年建成
13	江苏省宁苏量子干线（578.8 公里）	南京—苏州	2017 年建成
14	融合量子安全的合肥政务外网	合肥	2017 年建成
15	济南党政机关量子通信专网	济南	2017 年建成
16	十九大量子安全通信保障	北京	2017 年建成
17	武合量子保密通信干线（609.7 公里）	武汉—合肥	2018 年建成
18	武汉量子保密通信城域网	武汉	2018 年建成
19	北京量子城域网	北京	2018 年建成
20	阿里巴巴 OTN 量子安全加密通信系统	华东	2018 年建成
21	陆家嘴金融量子保密通信应用示范网	上海	2018 年建成
22	宿州量子保密通信党政军警专网	宿州	建设中
23	乌鲁木齐量子保密通信城域网	乌鲁木齐	2019 年建成

---

① 《中商产业研究院——2020—2025 年中国量子保密通信行业市场前景及投资机会研究报告》，https：//new. qq. com/rain/a/20200616A0N9R000.

序号	名 称	地点	建设状态
24	海口量子保密通信城域网	海口	建设中
25	西安量子保密通信城域网	西安	建设中
26	贵阳市量子保密通信城域网	贵阳	2019 年建成
27	国家量子保密通信骨干网（汉广段、沪合段）	中国	建设中
28	金华量子保密通信城域网	金华	2020 年建成
29	南京江宁区政务网量子通信专网	南京—苏州	建设中
30	成都市电子政务外网（量子保密通信服务试点）	成都	建设中
31	苏州市吴江区电子政务外网量子安全通信	苏州	建设中
32	银行、电力等领域的行业应用网络	各地	进度不等

而从安全传输距离指标来看，2016 年 11 月中国科学技术大学、清华大学、中国科学院上海微系统与信息技术研究所、济南量子技术研究院等单位合作，将量子保密通信的安全传输距离提高到 404 公里，而且在 102 公里处的安全成码率已经足以保证安全的语音通话。2019 年 9 月，中国科学技术大学、清华大学、中国科学院上海微系统与信息技术研究所等单位合作，在 300 公里真实环境的光纤中实现双场量子密钥分发实验，验证 700 公里以上光纤远距离量子密钥分发的可行性，是实用双场量子密钥分发的重要里程碑。2020 年 3 月，中国科学技术大学、清华大学、济南量子技术研究院等单位共同合作，首次实现 500 公里级真实环境光纤的双量子密钥分发和相位匹配量子密钥分发，传输距离达到 509 公里。

近年来随着量子保密通信试点应用和网络建设的不断推进和发展，我国量子保密通信产业链初步建立并逐渐发展，主要包含上游的元器件、光纤、终端等量子核心设备（支撑起量子通信的技术和硬件基础，目前参与企业较少，呈寡头格局）、中游的网络传输干线提供商（实现远程量子通信通信及量子网络的传输渠道）及系统集成商（主要负责对信息进行整合处理并根据需求做出相关指令，是维护整个系统健康运转的软件基础）、下游对高级别保密通信有刚性需求的各种行业应用（主要涉及金融、国防、政务、云服务、电力领域）等环节，提供的产品包括量子电话、基于量子保密技术的数据中心、量子白板等。产业总体视图如图3—22所示：

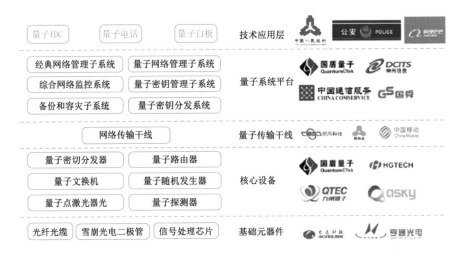

图3—22 我国量子保密通信产业链结构图

近代社会以来，量子保密通信是第一个由中国创造的新产业，具有里程碑意义。这也意味着中国量子通信的发展除了能让我们享受技术和科技本身给生产力带来的提升以外，我们还将成为全球相关行业标准和规则的制定者，这个重要性远甚于高铁、电信、超算这种中国后来居上的产业。

按照英国政府科学办公室的研究报告中描绘的量子通信应用发展趋势（如图3—23所示），目前量子通信应用还处于早期的应用阶段，主要集中在利用量子密钥分发链路加密的数据中心通信防护、量子随机数发生器的生产等，并在中期延伸到军事国防、政务、金融、云服务、电力及消费者个人等对保密安全需求较高的领域。未来随着组网技术的成熟和终端设备趋于小型化、移动化，量子通信的应用还将扩展到电信网络、企业网络、个人与家庭、云存储等领域。从长远来看，随着量子卫星、量子中继、量子计算、量子传感等技术取得突破，通过量子通信网络将分布式的量子计算机和量子传感器连接，还将产生量子云计算、量子传感网等一系列全新的应用，传统互联网将被更为安全、高效、稳定的量子互联网取代。

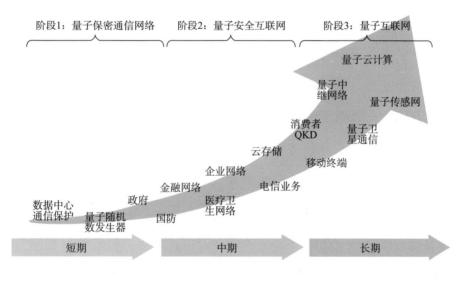

图 3—23　量子通信应用发展趋势

根据前瞻产业研究院发布的《量子通信行业发展前景与投资战略规划分析报告》数据显示，2017 年我国量子通信行业市场规模达到了 180 亿元，到 2018 年将达到 320 亿元左右，同比增长 77.78%，预计到 2025 年，我国量子通信行业建设及运营服务市场规模将突破

1000 亿元（如图 3—24 所示）。

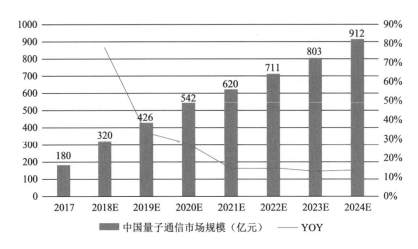

图 3—24　我国量子通信市场规模及预测

在下游应用领域方面，目前还是以量子通信干线、量子城域网等政府应用为主，但是考虑到量子通信极高的安全性和保密性，其面向商用的金融板块的应用正在加速推进。根据前瞻网的预测，到 2021 年，量子通信在政府服务领域应用占比将达到 30%；金融领域应用其次，占比为 22%；商业领域、国防军事紧随其后，占比分别为 20%、16%。而在可见的未来，随着政府、产业端上下游均已加强对量子通信网络建设的支持和投入力度，量子通信产业持续增长将使得传统的信息产业发生颠覆式变革，进而带动包括计算机产业、区块链及数字货币、人工智能业、软件业、卫星通信业等产业的新机遇。

第四节　量子通信热点方向

一、量子中继

除星地量子通信外，量子中继（Quantum repeater）技术也是实现大尺度量子通信的重要研究方向。量子中继技术原理如图3—25所示，它首先在很多短距离、低损耗的信道分发光子纠缠对，通过纠缠纯化（Entanglement purification）保证纠缠对的品质，再通过纠缠交换技术（Entanglement swapping）将短距离纠缠对连接，形成远距离纠缠。在这个过程中，利用量子存储器（Quantum memory）对成功分发的光子纠缠对进行缓存，可以大幅度缓解传输损耗导致的连接失败，显著提升连接效率，有望建立任意远距离的纠缠对。将这一技术与量子卫星结合，可以组成天地一体化的量子网络，提供更大的应用潜力。

量子中继的三个环节中，量子纠缠纯化和量子纠缠交换已实现，当前的核心研究内容是实现长寿命、高读出效率的量子存储。在这一方向，中国科学技术大学一直具有较强的实力。2016年，中国科学技术大学实现了国际上综合性能最优的冷原子量子存储，其性能指标已经可以支持通过量子中继实现500公里量子通信的需求。2020年，中国科学技术大学首次演示了50公里光纤长度连接的两个量子存储器间的纠缠，是目前最远光纤距离的量子存储器间纠缠实验。

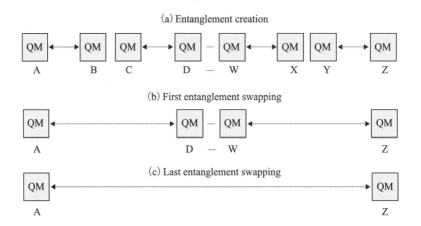

图 3—25　量子中继的原理

目前量子中继的研究处于实验室阶段，尚不能满足实用化远距离通信的需求。下一步的研究方向是一方面通过提升量子存储器效率、寿命等核心技术指标，尝试多个中继节点间的高效连接与组网，实现远距离超越直接传输速率的量子通信；另一方面逐步加强装置集成度与鲁棒性，研制可无人值守的量子中继节点工程化样机。

二、器件无关的量子随机数源

量子通信安全性的前提之一是发射方随机发射不同状态（例如极化）的单光子，这里的随机性就需要一个严格的随机数源来保障。除信息安全外，人类的诸多生产活动都需要高质量、高安全性的随机数源，包括抽样检测、数值模拟等多个领域。然而，传统的随机数源产生的"随机数"在原理上都是可以预测的，存在性能和安全性的隐患。相较于传统随机数产生器，器件无关量子随机数产生器可以提供高质量的量子随机数，具有量子力学基本原理保证的不可预测性。同时，其安全性与器件无关，即使器件由恶意第三方生产甚至操控，仍然可以保证随机数信息不会被泄露，具有极强的抗攻击能力，从而具备最高等级的安全性，是一种宝贵的随机性资源。

2018年9月，《自然》杂志刊登了该领域的重大进展，中国科学技术大学联合清华大学、中科院上海微系统与信息技术研究所等多家单位，在国际上首次成功实现器件无关量子随机数的产生。2021年2月，国际权威物理学期刊《自然·物理学》和《物理评论快报》相继刊登了该团队的进一步成果，率先实现了器件无关量子随机性的扩展，为设备无关量子随机数的实用化发展奠定了坚实的基础。一系列的成果标志着我国器件无关量子随机数技术达到了世界领先水平。

为了提升器件无关量子随机数技术的应用水平，目前正在开展将其与现有的通信技术相结合的研究工作，把器件无关量子随机数通过网络对外广播，形成一种公共服务，这类服务被称为随机数信标，在质量检测、共识机制等应用场景中作为随机性来源使用。

第五节 量子密钥分发技术的实用化和商用化

随着量子密钥分发技术进入实用化阶段，并不断开展试点应用和网络建设，进一步提升其实用化和商用化水平成为科研机构和产业链上下游关注和技术演进的主要方向。

量子密钥分发实用化技术和应用演进的主要方向包括基于光子集成（Photonic Integrated Chip）技术提升收发机的集成度，采用CV-QKD开展实验和商用设备开发，以及开展量子密钥分发与现有光通信网络的共纤传输和融合组网等方面的研究与探索。

量子密钥分发技术的商用化需要在设备集成度、系统可靠性、解决方案性价比和标准化程度等方面进行提升。通过与光子集成和硅光等新型技术进行融合，可以进一步实现量子密钥分发设备光学组件的小型化和集成化，同时提升系统的功能性能和可靠性，目前已成为研究机构和产业链上下游关注的焦点之一。英国布里斯托大学已报道了基于磷化铟和氮化硅等材料的光子集成技术方案，可以实现量子密钥分发设备量子态信号调制器和解调器的芯片化集成，支持多种编码调制方案，可在一定程度上提高量子密钥分发系统工程化水平，但目前脉冲光源和单光子探测器模块仍难以实现集成。我国深圳市海思半导体有限公司和山东国讯量子芯科技有限公司等企业在量子密钥分发调制解调芯片化领域也进行了研究布局。

CV-QKD 具有低成本实现城域安全密钥分发的潜力，应用部署难度小，产业链成熟度高，未来可能成为量子密钥分发规模应用切实可行的解决方案。2019 年，北京大学和北京邮电大学报道了在西安和广州现网 30 公里和 50 公里光纤，采用线路噪声自适应调节和发射机本振共纤传输方案，实现了 5.91kbit/s 和 5.77kbit/s 的密钥成码率，为 CV-QKD 现网实验的新成果，并在青岛开展现网示范应用。

量子密钥分发商用化系统在网络建设和部署过程中，由于量子态光信号的极低光功率，以及单光子探测器的超高检测灵敏度，通常需要独立的暗光纤进行传输。而与其他光通信信号进行共纤混合传输可能会导致光纤内产生的拉曼散射噪声（Raman Scatter Noise）影响单光子检测事件响应的正确率。量子密钥分发系统与光通信系统的共纤混传能力是限制现网部署的一个关键性因素，也是未来发展演进的重要研究方向之一。

目前，已有中国科学技术大学、东芝欧洲研究中心、中国电信和中国联通等报道了基于 1310 纳米的 O 波段 DV-QKD 系统与 1550 纳米的 C 波段光通信系统的共纤混传实验和现网测试，但量子密钥分发系统的密钥成码率对光纤的损耗敏感，在实际应用部署中并不推荐使用 O 波段，并且 1310 纳米的量子密钥分发系统商用化程度较低。商用量子密钥分发系统通常采用 1550 纳米的 C 波段作为量子态光信号波长，与 1310 纳米的 O 波段光通信设备的共纤混传，部分电信运营商也正进行相关测试。

在限制光通信信号功率至接收机灵敏度范围的条件下，可以支持量子密钥分发在约 50 公里的城域范围内共纤传输和融合部署，并且密钥成码率与独占光纤传输条件仍基本保持相同量级。未来，在含有光放大器的商用光通信系统中，进行量子密钥分发系统的融合组网和共纤传输仍是重要研究方向。在共纤传输方面，CV-QKD 采用本振光相干探测和平衡接收，对于拉曼散射噪声具有较强的容忍度，相比 DV-QKD 具有一定原理性优势。

在产业链发展方面，近年来我国又新增了一批由科研机构转化或海外归国人才创立的量子密钥分发设备供应商，并且在技术路线上呈现多元化发展态势（如图3—26 所示）。CV-QKD 技术在北京大学、北京邮电大学、上海交通大学和山西大学等高校和研究机构中取得了大量研究成果。上海循态量子、北京启科量子、北京中创为量子和广东国腾量子等公司加入量子密钥分发设备供应商行列，同时传统通信设备行业中的华为和烽火等也开始关注基于 CV-QKD 等技术的商用化设备，并与传统通信设备和系统进行整合，探索为信息网络中的加密通信和安全增值服务提供解决方案。

图 3—26　我国量子密钥分发技术主要研究机构和设备供应商

　　量子保密通信目前主要用于点到点的密钥共享和基于 VPN 和路由器等有线网络的信息传输加密。探索将量子密钥分发与无线通信加密应用场景结合，对于扩展量子保密通信的应用场景，开拓商业化应用市场，以及推动产业化发展都具有重要价值。其中的主要难点是量子密钥一旦生成之后，就不再具有由量子物理特性保证的安全性，所以密钥本身不能再通过通信网络进行二次传输。通过使用量子密钥分发网络作为密钥分发基础设施，在不同量子密钥分发网络节点的安全管理域内，使用密钥充注设备可以为符合一定安全性等级要求的移动存储介质，例如 SD 卡等，进行密钥充注。密钥存储介质再与具备身份认证和加密通信功能的无线终端进行融合，可以实现使用量子密钥对无线终端与加密服务器之间的身份认证和会话密钥协商过程的加密保护，从而为无线通信领域的加密应用提供一定程度的量子加密服务。目前该解决方案已有初步商用化设备，并开始探索在政务和专网等高安全性需求领域的无线加密通信应用，未来可能成为扩展量子保密通信商业化应用的一个重要方向。

第六节 量子保密通信系统和网络的现实安全性

　　量子密钥分发技术经过近 40 年的发展，其中密钥分发的安全性由量子力学的基本原理保证，理论安全性证明也相对完备，量子密钥分发技术在提供对称密钥的安全性方面的价值已经获得全球学术界和产业界的承认和共识。但在试点应用和网络建设发展的同时，基于量子密钥分发的量子保密通信系统和网络的现实安全性逐渐成为学术界、产业界和社会舆论关注和研究的问题之一。

　　量子密钥分发只是量子保密通信系统的一个环节，量子保密通信系统整体满足信息论可证明安全性需要量子密钥分发、一次一密加密和安全身份认证三个环节，缺一不可。目前量子密钥分发商用系统在现网光纤中的密钥生成速率约为数十 kbit/s 量级，对于现有信息通信网络中的同步数字体系（Synchronous Digital Hierarchy）、光传送网（Optical Transport Network）和以太网（Ethernet）等高速业务，难以采用一次一密加密，通常要与传统对称加密算法（例如高级加密标准算法、SM1 和 SM4 加密算法）相结合，由量子密钥分发提供对称加密密钥。在此情况下，由于存在密钥的重复使用，并不满足一次一密的加密体制要求。

　　需要指出的是，相比传统的保密通信技术中的对称加密算法体系，量子保密通信仍然能够带来安全性能提升和应用价值普及。一方面相比原有对称加密算法的收发双发自协商产生加密密钥，量子密钥分发所提供的加密密钥在密钥分发过程的防窃听和破解的能力得到加强；另一方面量子密钥分发能够提升对称加密体系中的密钥更新速率，从而降低密钥和加密数据被计算破解的风险。

量子密钥分发技术能够保障点到点的光纤或自由空间链路中的密钥分发的安全性，但是并不能完全解决信息网络中面临的所有安全性问题。由于量子存储和量子中继技术距离实用化仍有一定距离，长距离的量子密钥分发线路和网络需要借助"可信中继节点"技术，进行逐段密钥分发、密钥落地存储和中继。密钥一旦落地存储，就不再具备量子态和由量子力学保证的信息论安全性，量子密钥分发线路和网络中的"可信中继节点"需要采用传统信息安全领域的高等级防护和安全管理来保证节点自身的安全性。

目前针对"可信中继节点"的安全性防护要求、标准化研究工作正在逐步开展，测评工作有待加强。未来进一步加强可信中继节点技术要求、安全性分析和测评方法等标准的研究与实施，将是保障量子保密通信网络建设和应用的现实安全性的重要措施之一。通过明确可信中继节点的安全防护要求和实施方案并通过相关测评验证，结合符合相应等级要求的密钥中继管理方案，可以实现符合安全性等级保护要求的量子密钥分发组网和应用。

量子密钥分发技术的信息论可证明安全性是指理论证明层面，对于实际量子密钥分发系统而言，由于实际器件（例如光源、探测器和调制器等）无法满足理论证明的假设条件，即可能存在安全性漏洞，所以量子密钥分发系统的现实安全性以及漏洞攻击和防御，一直是学术界研究的热点之一。

　　值得指出的是，关于对量子通信现实系统下进行攻击的研究，都是针对量子密钥分发实际系统的安全性漏洞进行攻击和防御改进的学术研究成果。此类研究通常在完全控制系统设备的条件下，采用极端条件模拟（例如超高光功率注入等方式）来攻击系统获取密钥信息，与实际系统和网络中可行的攻击和窃听属于不同层面；同时此类研究的出发点和落脚点也是在于改进和提升量子密钥分发系统的实际安全性，通常都会给出针对所提出的攻击方式的系统防御策略和解决方案，而非否定量子密钥分发的系统安全性。在2020年，中国科学技术大学潘建伟及其同事应邀在国际权威物理学综述期刊《现代物理评论》上发表长篇综述论文，深入讨论了量子密钥分发的现实安全性，并指出，经过全球学术界30余年的共同努力，现实条件下量子密码的安全性已经建立起来，尤其是测量器件无关等量子密钥分发协议的提出，彻底关闭了量子密码在物理实现过程中可能出现的安全性风险，为实现基于现实器件的安全量子密码铺平了道路。针对量子密钥分发系统和网络现实安全性的学术研究在未来将会持续进行，从实际应用层面而言，量子密钥分发系统和网络也需要持续进行现实安全性领域的研究和测评验证。

第七节　我国量子通信发展应用
面临的问题与挑战

一、量子通信基础研究和关键技术待突破

微观量子态和宏观经典态之间的界限与联系仍未明确，量子叠加、纠缠和测量坍缩等特性目前多为实验验证，缺少完备理论体系。量子隐形传态技术研究仅限于观测和证明其物理现象和基本原理的初级阶段，实用化尚无前景。量子存储和量子中继技术目前尚不成熟，成为量子通信技术发展与应用的关键技术瓶颈之一。

二、量子密钥分发系统的性能瓶颈限制其应用推广

目前由于系统协议，关键器件和后处理算法等方面的限制，商用量子密钥分发系统在现网中的单跨段光纤传输距离通常在百公里以内，密钥成码率约为数十 kbit/s 量级，并且传输距离和安全密钥速率相互制约，量子保密通信应用场景受限明显，系统传输能力和密钥成码率有待进一步提高。

此外，长距离传输的可信中继节点可能成为安全风险点。实际系统和器件的非理想特性有可能成为被窃听者利用的安全漏洞，需要进行安全性研究和测试，并采取防护措施。

三、量子密钥分发设备系统的工程化水平待提升

目前，偏振编码型设备在抗长距离悬空光缆的偏振扰动方面存在技术难点；相位编码（包含时间相位编码）型设备，在设备抗震方面存在不足；单光子探测器需要低温制冷，对机房环境温度变化较为敏感；量子密钥分发系统和网络的管理和运维等方面尚未完全成熟，需对工程化和实用化的关键瓶颈开展基础性共性技术，将政策支持的优势真正转化为核心技术和产品功能性能的优势。与此同时，量子保密通信系统和网络需要密钥管理设备和加密通信设备进行联合组网，密钥管理设备属于信息安全领域，加密通信设备属于信息通信领域，而量子保密通信业界与这两大行业的合作与融合还比较有限。

四、安全加密体制的多种技术路线面临竞争

量子保密通信的应用背景主要是面向未来量子计算对于现有公钥加密体系的计算破解威胁。目前，量子计算的发展还处于多种技术路线探索的样机实验阶段，尽管近年来发展加速，但是距离实现真正具备破解密码体系的大规模可编程通用化量子计算能力仍有很长的距离。

除此之外，信息安全行业也在为应对量子计算可能带来的安全性威胁进行积极准备，目前以美国国家标准与技术研究院主导的抗量子计算破解的新型加密体系和算法的全球征集和评比已经完成第一轮筛选，计划在2023年左右完成三轮公开评选，并推出新型加密

体制标准，我国上海交通大学、复旦大学和中国科学院等单位提交的新型加密方案也参与其中。

未来，抗量子计算破解的安全加密体制存在量子保密通信和后量子安全加密的技术路线竞争，加快提升量子密钥分发系统成熟度、实用化水平和性价比，是抢占先机的关键。

五、产业化尚处起步阶段，发展动力不足

量子保密通信主要适用于具有长期性和高安全性需求的保密通信应用场景，例如政务、金融专网以及电力等关键基础设施网络，市场容量和产业规模相对有限，目前主要依靠国家和地方政府的支持和投入，产业发展对于国家政策扶持依赖性较强，后续商业化应用模式和市场化推广运营有待进一步探索。

同时，量子保密通信技术的商业化应用推广和市场化发展仍然面临技术成熟度、设备可靠性和投入产出性价比等方面的考验，传统通信和信息安全行业对于量子保密通信产业的参与度较低，产业链的建立和培育较为困难。产业相关标准研究和制定目前尚属于起步阶段，对网络建设和应用部署的规范和指导作用不明显。因此，需要产学研用各方共同努力，从设备升级、产业链建设、标准完善和商用化探索等多方面共同推动。

第四章

量子精密测量
技术与应用发展

第一节　量子精密测量概念原理与技术体系

信息技术包含信息获取、处理、传递三大部分，分别与测量、计算和通信三大领域一一对应。精密测量技术作为从物理世界获取信息的主要途径，不仅在基础科学研究方面具有重要的学术价值，而且还能服务于国家重大需求，对各领域的科学进步具有推动作用，因此研究意义重大。精密测量的本质是测量系统与待测物理量的相互作用，通过测量系统性质的变化表征待测物理量的大小。经典的测量方法的精度往往受限于衍射极限、中心极限定理等因素（虽然中心极限定理与散粒噪声在形式上一致，但散粒噪声是量子光学的专门现象，不属于经典测量方法；经典测量方法不可能突破中心极限定理，更加不可能达到海森堡极限，因此将海森堡极限作为经典测量精度的限制条件太过遥远），测量精度难以进一步提升。而量子精密测量技术基于量子体系的纠缠、压缩、高阶关联等特性，使得测量精度显著提升，可以突破经典测量中心极限定理的限制，甚至可以突破海森堡极限。

近年来，随着量子技术的发展，使得对微观对象量子态的操纵和控制日趋成熟，量子精密测量技术也应运而生。

一、量子精密测量的定义

学界对于量子精密测量的定义一直存在着争议和疑问。根据国内外量子信息技术领域技术分类和业界调研反馈，广义的量子精密测量可以涵盖利用量子特性来获得比经典测量系统更高的分辨率或灵敏度的测量技术。

狭义的量子精密测量技术基于微观粒子系统（如原子、光子、离子等）和量子力学特性或量子现象（如叠加态、纠缠态、相干特性等），通过对其量子态的调控和精确测量，完成被测系统的各种物理量执行变换并进行信息输出。量子精密测量可以突破经典力学框架下的测量极限，在测量精度、灵敏度和稳定性等方面，与传统传感技术相比具有明显优势。

二、量子精密测量技术的特征

量子精密测量技术应具备两大基本特征：一是操控观测对象是微观粒子系统，如单光子、纠缠光子对、原子、离子等；二是与待测物理量之间相互作用导致量子态发生变化，并且这种变化是可以通过直接或间接手段读取的，而具备以上两点特征的测量技术可以纳入量子精密测量的范畴。

在量子计算、量子通信等领域，量子系统的量子状态极易受到外界环境的影响而发生改变，严重制约量子系统的稳定性和鲁棒性。而量子精密测量恰恰利用量子体系的这一"缺点"，电磁场、重力、加速度、角速度等外界环境直接与原子、离子、电子、光子等量子体系发生相互作用并改变它们的量子状态，最终通过对这些变化后的量子态进行检测，实现外界环境的高灵敏度测量。在量子精密测量中，可利用当前成熟的量子态操控技术，可以进一步提高测量的灵敏度。

三、量子精密测量的基本步骤

量子精密测量技术利用特定的量子体系与待测物理量相互作用，使之量子态发生变化，通过对体系最终量子态的读取及数据后处理过程实现对物理量的超高精度探测。量子精密测量的基本流程可分为四个关键步骤（如图4—1所示）。

①量子态的初始化是将量子系统初始化到一个稳定的已知基态，初始测量态根据不同的应用及技术原理，通过控制信号将量子体系调制到特定的初始测量状态；

②量子体系通过与待测物理量相互作用上一段时间，使其量子态发生改变；

③量子态读取通过直接或间接的测量确定量子系统的最终状态（比如测量跃迁光谱、驰豫时间等）；

④结果转换则将测量结果转化为经典信号输出，获取测量值。

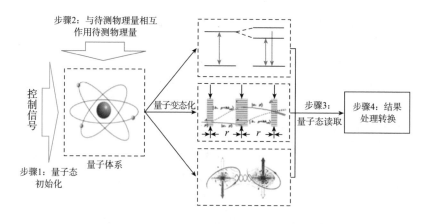

图4—1 量子精密测量的基本流程和主要步骤

其中，待测物理量和量子系统的相互作用可分为横向作用和纵向作用。横向作用会诱导能级间的跃迁，从而增加其跃迁率；纵向作用通常导致能级的平移，从而改变其跃迁频率。通过测量跃迁率和跃迁频率的变化实现物理量的探测（如图4—2所示）。

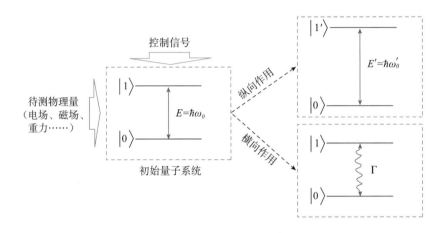

图4—2　待测物理量与量子系统的相互作用机制

四、量子精密测量技术方案的分类

量子精密测量涉及原子（电子）能级跃迁、冷原子干涉、热原子自旋、电子自旋、核磁共振、单光子探测和纠缠态联合测量等不同的技术方案，可大致分为基于量子能级跃迁、基于量子相干性、基于量子纠缠三种类型。

①运用量子体系的分离能级结构来测量物理量，例如超导或自旋量子位的磁性或振动状态、中性原子或囚禁离子等。基于微观粒子能级测量从20世纪50年代就逐步在原子钟等领域开始应用。近些年随着量子态操控技术研究的不断深入，基于自旋量子位的测量

系统开始成为研究热点。利用量子体系在待测物理量的作用下能级结构发生变化（如能级间距变化、能级劈裂或简并、驰豫时间变化等），量子体系的辐射或吸收谱可以反映待测物理量的大小，这类量子精密测量技术相对成熟，已实现产业化。但部分技术方案对外界环境（如温度、磁场等）要求较高，依赖对量子态的操控技术。

②使用量子相干性，即物质波状的空间或时间叠加状态，来测量物理量。其主要利用量子系统的物质波特性，使两束原子束在检测点发生干涉，由于待测物理量对两束原子的作用不相同，因此两束原子的相位差反映了待测物理量的大小。该技术成熟度和测量精度均比较高，广泛应用于定位制导、重力探测等领域。但量子系统通常体积较大，短期内难以实现集成化。目前，已开展小型化、可移动化方向的研究。

③使用叠加态和纠缠态等量子体系中所独有的物理现象来提高传感测量的灵敏度或精度，理论上可以突破经典极限，达到海森堡极限，其条件最为严苛，同时也最接近量子的本质。目前，这种测量技术主要应用于量子雷达、量子同步传输协议以及量子卫星导航领域。但成熟度较低，纠缠量子态的制备、操控等关键技术尚未突破，现阶段仍处在试验探索阶段，产业化和实用化前景尚不明朗。

目前，前两种技术分类较为成熟，涉及面宽，涵盖大部分量子精密测量场景，且部分领域已经实现产品化。虽然测量原理和技术方案各有不同，但共同特征是调控观测的对象是量子级别的微观粒子系统，采用的分离能级观测方法和相干叠加状态测量等技术符合量子物理学基本原理并与传统测量技术有明显区别，因此国内外普遍认可将具备上述特征的测量传感技术通称为量子精密测量。

五、量子精密测量市场规模

从产业发展来看，全球量子精密测量产业市场收入逐年增长。根据 BCC Research 的统计分析报告指出，全球量子精密测量市场收入额由 2018 年的 1.4 亿美元增长到 2019 年的 1.6 亿美元，并预测在 2020—2025 年期间年复合增长率将在 13% 左右，增长到约 3 亿美元。[①] 从图 4—3 可以看出，量子时钟源、量子重力仪、量子磁力计领域发展较早，技术相对成熟，均有样机产品报道，占据量子精密测量绝大部分份额。

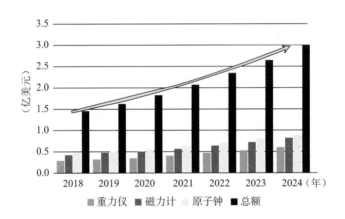

图 4—3　量子精密测量市场规模分析与预测

如果按地域划分，目前欧美国家，特别是北美地区量子精密测

---

① Sin ha G. Gaurav. Quantum Sensors：Quantum entanglement for communications and beyond ［R］. USA：BCC Publishing, 2019.

量产业收入额占比最高，预计未来五年收入份额仍将处于主导地位，是量子精密测量先进技术的领导者和推动者。而亚太地区，特别是中国，得益于巨大的产品需求量，未来有望在量子精密测量产业占据主导地位。随着近年来国内对远程医疗、工业互联网、物联网（Internet of Things）、车联网（Internet of Vehicles）、自主机器人、微型卫星等新兴技术研究与应用的兴起并逐步成熟，超高精度、小型化、低成本的传感装置、生物探测器、定位导航系统等关键传感测量器件的市场需求量会呈指数增长，广阔的市场潜力不容小视。

第二节　量子精密测量学术专利情况

与量子计算和量子通信相比，量子精密测量和量子计量领域的专利申请和研究论文总量偏少，全球量子精密测量相关技术专利年度申请量的发展与变化情况如图4—4所示，2010年之后申请量增长较为迅速。从专利申请量和申请地域来看，相关专利主要来自中美两国，日本有少量申请。截至2019年10月公开的量子精密测量相关专利近千件，并且增长趋势强劲。

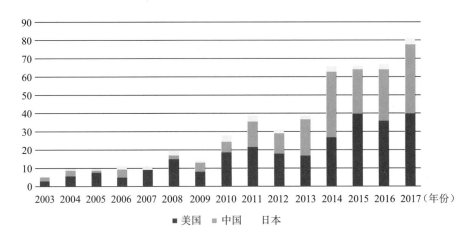

图4—4　量子精密测量技术专利申请趋势

在论文方面，与量子精密测量相关的论文数量呈持续上升趋势（如图4—5所示），美国加州理工学院、苏黎世联邦理工学院（Eidgenössische Technische Hochschule Zürich）以及澳大利亚的高校和科研机构发表了较多论文。我国的中国科学技术大学、中国科学院和北京航空航天大学等单位在量子精密测量领域持续开展科研攻关，开始步入量子精密测量和量子计量研究论文发表数量的国际前沿行列。

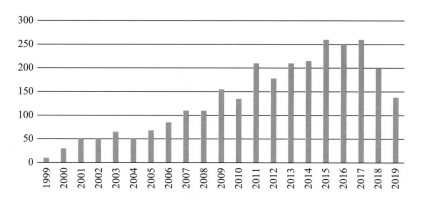

图4—5 量子精密测量论文近20年发表趋势

总体而言，量子传感测量领域的世界纪录大多是由欧美国家保持。从专利数量和相关论文角度统计，美国处于领先，中国位居第二，日本、韩国、英国和德国等紧随其后。

第三节　全球量子精密测量产业发展格局

鉴于量子精密测量技术应用十分广泛，涉及民生、军事国防、基础科学研究等诸多领域，多国相继出台各自发展战略和研究计划。中国《"十三五"国家基础研究专项规划》、美国《量子信息科学国家战略纲要概述》、英国《英国量子技术发展路线图》（A roadmap for quantum technologies in the UK）、欧盟《量子宣言》以及日本"量子飞跃"项目（Q-LEAP）中都明确将量子精密测量技术作为重要的研究方向。①②

欧美国家量子精密测量领域研究实现科研院所、商业企业、军队军工、政府机关多方合作，联合助力，共同推进技术和相关产业发展，推动研究成果落地和实用化产品化（如图4—6所示）。目前，涉及量子精密测量技术的国际公司包括AOSense、µQuans、Twinleaf、Oscilloquartz、Northrop Grumman等，量子加速度计、时钟源、雷达成像、磁力仪、陀螺仪、重力仪均已实现产品化，广泛应用于航空航天、军事军工、电信网络、能源勘探、医学检测等诸多领域。

---

① A roadmap for quantum technologies in the UK. https：//www. gov. uk/government/ uploads/system/uploads/attachment_ data/file/470243/InnovateUK_ QuantumTech_ CO004_ final. pdf.

② 文部科学省：光？量子飛躍フラッグシップブログラム（Q-LEAP）について、http：//www. mext. go. jp/b_ menu/boshu/detail/1402996. htm.

图4—6 量子精密测量科研及产业发展情况

　　国内量子精密测量技术研究的优势在于科研机构数量众多,政府十分重视,科研方面的资金投入和扶持力度都十分可观。科研成果数量与欧美国家持平,但是部分性能指标参数仍有数量级差距。但是,与欧美国家相比,国内量子精密测量技术研究的主要参与者仍是高校和科研院所,商业企业介入较少,科研院所、高校和行业公司缺乏交流与合作的平台与机制,实验室研究和实际应用需求之间存在隔阂,很难推动科研成果落地和知识产权开发,产业生态链尚未形成。国内涉及量子精密测量领域且已经产业化的商业公司主要集中在原子钟领域,少数初创公司致力于量子目标识别、量子态操控与读取等领域的研发。

因此，量子精密测量领域具有巨大的发展潜力和广阔的市场前景，我国量子精密测量领域某些关键技术研究仍处于跟随阶段，与世界先进水平的指标参数仍有数量级的差距。量子精密测量在实际应用中，不同的应用场景对性能指标的要求不尽相同，需要完备的指标体系，不是简单地追求某一个性能参数的不断提升。实验室研究应与实际应用、产业发展紧密结合，在追求性能指标提升的基础上，更加关注集成化、实用化和工程化，并掌握自主知识产权。

第四节　量子精密测量五大发展应用方向

量子精密测量技术可以用于探测磁场、电场、加速度、角速度、重力应力、重力梯度、温度压力、时间、距离等物理量，应用领域涉及基础科学研究、军事国防、生物医疗、材料分析、地质勘测、航空航天、能源勘探、交通运输、灾害预警等诸多领域，不同领域间发展不均衡，且每个领域又细分诸多技术方案。当前量子精密测量研究和应用的主要领域及其技术体系如图4—7所示。[①]

通过对不同种类量子系统中独特的量子特性进行操控与检测，可以实现量子惯性导航、量子目标识别、量子重力测量、量子磁场测量、量子时间基准等领域的测量传感。未来的主要发展趋势是高精度、小型化和芯片化，这也成为产学研多领域的研究热点。

量子精密测量技术与传统产业的结合将产生全新的技术变革，以量子陀螺仪、量子磁强计、量子重力仪、量子雷达和原子钟为代表的新型量子精密测量传感设备，在工业和信息通信领域具有较高的应用价值，受到世界各国政府和研究机构的广泛重视，解决工程化和实用化等问题后，有望在关系国家安全和国计民生的部分重点领域率先推广应用。

---

　　① 张萌：《多方携手，共促我国量子测量技术发展》，《人民邮电》2018年12月21日。

图4—7 量子精密测量研究和应用的主要领域及技术体系

一、量子惯性导航

角速度传感器（简称陀螺）是决定惯性导航系统性能的核心器件，广泛应用于飞行器和舰船制导以及自动驾驶等领域。量子陀螺较传统机电式陀螺和光电式陀螺而言，在测量精度和小型化集成前景等方面都具有较大的优势。各类量子陀螺的技术发展路线如图4—8所示。

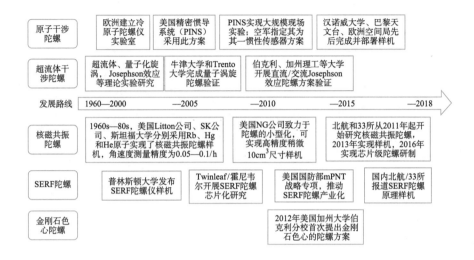

图4—8 量子惯性导航技术发展情况

其中，核磁共振陀螺和 SERF 陀螺发展最为成熟，实用化程度最高，已经进入芯片化产品研发阶段，原子干涉陀螺、超流体干涉陀螺和金刚石色心陀螺目前还处于原理验证和技术试验阶段，距离实用化较远。量子陀螺按照精度、体积、稳定性的不同，可以分为民用级、战术级、战略级导航应用，在自动驾驶、无人机、潜艇、导弹等领域有着广阔的前景。

美国在小型化和工程化研究方面处于领先，我国北京航空航天大学、中国航天科工集团三院三十三所（航天33所）和中国科学技术大学等研究机构的样机部分成果指标达到国际先进水平，但在小型化和工程化方面与欧美国家仍有差距，总体正稳步推进。2019年，加州大学欧文分校（University of California，Irvine）实现用于原子核磁共振陀螺仪的毫米级核磁共振元器件；而北京自动化控制设备研究所成功研制了我国首个基于磁共振原理的原子自旋陀螺仪原理样机，样机零偏稳定性优于 $2°/h$，体积为 $50cm^3$。①

二、量子目标识别

量子雷达将传统雷达与量子技术相结合，利用电磁波的波粒二象性，通过对电磁场的微观量子态操控实现目标检测和成像，具有提高灵敏度、突破分辨率极限、增强抗干扰能力等优势，量子目标识别技术的发展路线如图4—9所示。

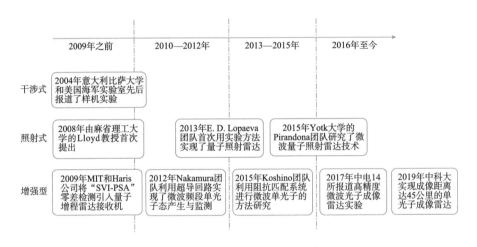

图4—9　量子目标识别技术发展情况

量子雷达关键技术主要包括非经典信号的调制和非经典信号的检测。非经典信号的调制主要是纠缠源的制备，非经典信号的检测主要包括单光子探测和纠缠检测等。在量子目标识别领域，美国起步较早，在量子纠缠雷达和单光子探测雷达方面取得了一系列进展。

① Noor R M, Kulachenkov N, Asadian M H, et al. Study on Mems Glassblown Cells for NMR Sensors〔C〕//2019 IEEE International Symposium on Inertial Sensors and Systems（INERTIAL）. IEEE, 2019：1-4.

但是，受限于诸多技术限制，量子纠缠雷达目前仍然处于原理验证阶段，未来 5—10 年并不会有实际应用价值。我国科学家着力发展单光子探测雷达，系统性地发展了单光子收集和探测技术以及高灵敏度成像算法，近期已实现了百公里量级的成像雷达，其探测距离处于国际领先地位。

三、量子重力测量

地球重力场反映物质分布及其随时间和空间的变化。高精度重力加速度测量可以广泛应用于地球物理、资源勘探、地震研究、重力勘察和惯性导航等领域。冷原子重力仪利用激光冷却、原子干涉等技术实现高精度、高灵敏度重力加速度测量，该技术的发展路线如图 4—10 所示。

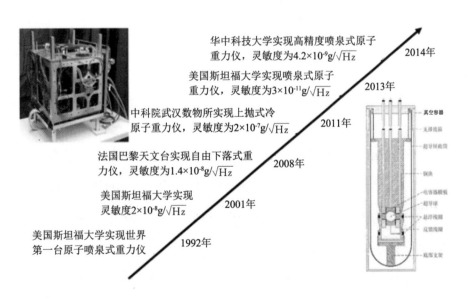

图 4—10 量子重力测量技术发展情况

　　量子重力测量研究分为超高精度和小型化两个方向。大型超高精度喷泉式冷原子重力仪应用于验证爱因斯坦广义相对论理论、探测引力波、研究暗物质和暗能量等，成为基础科研的有力工具。小型化自由下落式冷原子重力仪（如图4—11所示）有望应用于可移动平台，构成航空重力仪，潜艇重力仪甚至卫星重力仪。目前工程化小型原子重力仪研发还处于起步阶段，设备可靠性和环境适应性等方面还需要进一步提升。

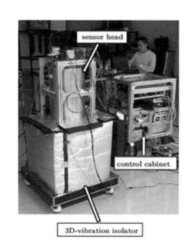

图4—11　中国科学技术大学研制的小型化冷原子重力仪样机

　　在量子重力测量领域，美国保持重力探测灵敏度的世界纪录（$3\mathrm{e}^{-11}\mathrm{g}/\mathrm{Hz}^{1/2}$），我国华中科技大学、浙江大学、中国科学技术大学、中国科学院精密测量研究院和中国计量科学研究院等单位的研究成果与国际先进水平还有一定差距。2019年，加利福尼亚大学报道了一种可移动的原子干涉重力仪，结构简单，方便运输与组装，同时灵敏度可达到$37\mu\mathrm{Gal}/\sqrt{\mathrm{Hz}}$；而浙江大学报道了一种新型紧凑型原子干涉重力仪，在一个月内进行长期绝对重力测量，灵敏度为

$300\mu\mathrm{Gal}/\sqrt{\mathrm{Hz}}$。[1][2] 2020 年中国科学技术大学研发了一款小型化原子重力仪，灵敏度达到了 $35\mu\mathrm{gal}/\sqrt{\mathrm{Hz}}$，观测精度达到微伽水平。

四、量子磁场测量

微弱磁场测量作为研究物质特性、探测未知世界的有效手段，在医学、地球物理、工业检测等领域都有着广泛的应用。量子磁力仪最高磁场测量灵敏度可达 fT 量级（10—15 特斯拉）。高灵敏度量子磁力仪主要有光泵磁力仪和原子 SERF 磁力计、相干布居囚禁（Coherent Population Trapping）磁力计等。各类量子磁力仪的技术发展路线情况如图 4—12 所示。

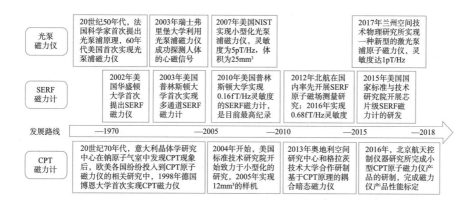

图 4—12　量子磁场测量技术发展情况

其中，原子 SERF 磁力计具有亚 fT 量级的测量精度，是未来超

---

① Wu X, Pagel Z, Malek B S, et al. Gravity surveys using a mobile atom interferometer［J］. arXiv preprintarXiv：1904. 09084，2019.

② Fu Z, Wu B, Cheng B, et al. A new type of compact gravimeter for long-term absolute gravity monitoring［J］. Metrologia，2019.

高精度磁场测量的发展方向，而 CPT 磁力计兼具测量精度和小型化的优势，已开始进入芯片级传感器的研究阶段。

在量子磁场测量领域，美国保持着磁场检测精度的世界纪录（0.16 fT/Hz$^{1/2}$），我国北京航空航天大学、中国科学技术大学和浙江大学等机构的研究成果达到世界先进水平，具有较强实力。

五、量子时间基准

量子时间基准利用原子能级跃迁谱线的稳定频率作为参考，通过频率综合和反馈电路来锁定晶体振荡器的频率，从而得到准确而稳定的频率输出。

高精度与小型化高可靠性是量子时间基准的两大发展趋势。高精度量子时间基准可用于协调世界时（Universal Time Coordinated）的产生。小型化高可靠性的量子时间基准可以用作星载钟，在卫星导航和定位等领域发挥着重要作用。

在量子时间基准领域，美国 2018 年报道镱原子光晶格光钟实现定时精度的世界纪录 3.2×10^{-9}；2019 年 5 月，美国国家标准与技术研究院报道的芯片级原子钟，其蒸汽室体积仅为 10mm × 10mm × 3mm，功耗约为 275mW，不确定度达到 10^{-13} 量级。[1][2]

而我国目前已成为参与驾驭国际原子时的五个主要国家之一，中国计量科学研究院研制的 NIM5 铯原子喷泉微波钟（如图 4—13 所

---

[1] Newman Z L, Maurice V, Drake T, et al. Architecture for the photonic integration of an optical atomic clock [J]. Optica, 2019, 6 (5)：680-685.

[2] McGrew W F, Zhang X, Fasano R J, et al. Atomic clock performance enabling geodesy below the centimetre level [J]. Nature, 2018, 564 (7734)：87.

示）精度达到 2.3×10^{-16} 量级，下一代 NIM6 有望突破 1×10^{-17} 量

级。中国科学院武汉物理与数学研究所 2017 年报道了 1×10^{-17} 量级

精度的 $^{40}Ca+$ 离子光钟，正逐步缩小差距。[①]

综上所述，量子精密测量领域技术研究与应用领域汇总如图4—

14 所示。

图4—13　NIM5 铯原子喷泉时间频率基准

①　Huang Y, Guan H, Bian W, et al. A comparison of two 40 Ca + single-ion optical frequency standards at the 5 × 10-17 level and an evaluation of systematic shifts ［J］. Applied Physics B, 2017, 123（5）：166.

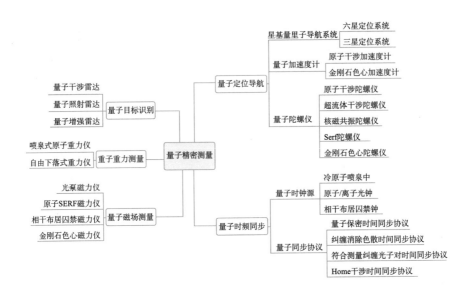

图 4—14　量子精密测量主要应用领域和技术体系

第五节　量子精密测量热点方向

一、自旋量子位测量

利用自旋量子位进行精密测量是量子精密测量领域中一个相对较新的领域。量子体系的自旋态地与磁场强度相关，磁场变化会导致自旋量子位的能级结构变化，从而改变辐射或吸收频谱，通过对谱线的精密测量就可以完成磁场测量。另外，自旋量子位的能级结构还与温度、应力有关，利用类似原理能实现温度、应力的精密测量。在自旋量子位上沿特定方向加外磁场，当自旋量子位发生旋转或者与磁场发生相对位移时，可实现角速度和加速度的精密测量。基于自旋量子位的测量体系的优点在于高灵敏度和高频谱分辨率，自旋量子位的操控和读取对环境要求较低，便于应用。其空间分辨率远小于光学成像的衍射极限，有望应用于对微纳芯片和生物组织的检测与成像。

金刚石氮位（Nitrogen Vacancy）色心是一种近期备受关注的自旋量子位，可实现对多种物理量的超高灵敏度检测，广泛地应用于磁场、加速度、角速度、温度、压力的精密测量领域，具有巨大的潜力。目前金刚石色心测量系统已实现芯片化，基于金刚石色心的芯片级陀螺仪、磁力计、磁成像装置均有报道。

美国麻省理工学院于 2019 年 10 月首次报道在硅基芯片上打造

了一种基于金刚石 NV 色心的量子传感器，实现对磁场的精密测量，功能包括片上微波的产生和传输，以及来自金刚石量子缺陷的携带信息荧光的片上过滤和检测，器件结构紧凑，功耗较低，在自旋量子位测量和 CMOS 技术的结合方面迈出了关键一步。[①②]

此外，金刚石色心量子精密测量还能实现纳米级的空间分辨率。2019 年 10 月，中国科学技术大学的郭光灿团队首次实现基于金刚石 NV 色心的 50 纳米空间分辨力高精度多功能量子传感。[③④] 该成果为高空间分辨力非破坏电磁场检测和实用化的量子传感打下了基础，可应用于微纳电磁场及光电子芯片检测，拓宽远场超分辨成像技术应用场景。自旋偶极耦合在密集自旋体系中产生压缩，有望使测量灵敏度接近海森堡极限。

二、量子纠缠测量

量子纠缠作为量子光学乃至量子力学最为核心的课题，获得了研究者们的广泛关注。随着 EPR 悖论（Einstein-Podolsky-Rosen Paradox）的提出，人们逐渐发现并确认了量子态的非定域性（nonlocality）。

① 《MIT 首次在硅芯片上打造基于金刚石的量子传感器或将替代 GPS》，https：//www. xianjichina. com/special/detail_ 426424. html.

② Kim D，Ibrahim M I，Foy C，et al. A CMOS-integrated quantum sensor based on nitrogen-vacancy centres [J]. Nature Electronics，2019，2（7）：284-289.

③ 《中科大郭光灿团队实现 50 纳米空间分辨力高精度多功能量子传感》，https：//www. xianjichina. com/special/detail_ 425086. html.

④ Chen X D，Zheng Y，Du B，et al. High-Contrast quantum imaging with Time-Gated fluorescence detection [J]. Physical Review Applied，2019，11（6）：064024.

利用量子纠缠这种非定域性可以实现距离的精确测量，一对纠缠光子包含信号光子和闲置光子，将信号光子发往距离未知的待测位置，闲置光子发送到位置固定的光电探测器，分别记录光子的量子态和到达时间，并通过经典信道进行信息交互，通过联合测量两地到达时间可以计算出距离。如果采用三组基点对统一位置进行测量，就可以在三维空间中唯一确定待测点的位置，基于此原理即可实现量子卫星定位系统（Quantum Positioning System）用于高精度量子定位导航。如果距离是已知参数，根据此原理还可用于测量两地的时钟差，进而实现两地的高精度时钟同步，此原理被应用在量子时间同步协议中。类似于量子通信的原理，如果测量过程中存在窃听者，纠缠态会遭到破坏，测量数据将不再关联，从而达到防窃听的目的，也提高了系统的安全性。

量子纠缠特性还广泛应用于量子目标识别领域。干涉式量子雷达和照射式量子雷达都将纠缠光作为光源。干涉式量子雷达使用非经典源（纠缠态或压缩态）照射目标区域，在接收端进行经典的干涉仪原理进行检测，通过利用光源的量子特性，可以使雷达系统的距离分辨能力和角分辨能力突破经典极限。照射式量子雷达在发射信号中使用纠缠光源扫描目标区域，在接收处理中进行量子最优联合检测，从而实现目标的高灵敏探测。

目前，基于量子纠缠的量子精密测量多处于理论研究阶段，原理样机的报道较少，主要原因在于高质量性能稳定的纠缠源制备目前尚未实现突破，另外高性能单光子探测技术瓶颈也制约其发展，单光子探测器的灵敏度、暗计数、时间抖动等性能参数直接决定了量子精密测量的精度有待进一步改进和提升。

三、超高精度量子时钟同步

随着5G、物联网、车联网等新兴技术的兴起，时间同步精度的需求也日益提高。从早期的日晷、水钟，到机械钟、石英钟，再到原了钟，人类对时间的测量越来越精确。作为时钟源头设备的高精度时间服务器（PRTC/ePRTC），可采用卫星授时或者超高精度地面授时。

目前通信网络中主要使用 GPS 卫星信号提供高精度的时间源，但卫星信号不再能满足未来通信网络的全部需求，主要原因包括卫星信号存在一定误差、无法覆盖室内场景、卫星授时的可靠性和安全性均有待提高、卫星接收机成本高等。

为了满足未来通信网络同步需求，需研究超高精度时钟源和高精度同步传输协议，其未来应用如图 4—15 所示。其中，量子时钟源可以提供不确定度优于 $1e^{-17}$ 超高精度时钟源，量子时间同步协议结合量子纠缠等技术可以为未来通信网络提供高精度和高安全性的同步传输协议。

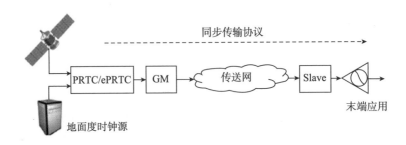

图 4—15　高精度时钟同步在通信网络中的应用

根据跃迁频率范围分类，量子时钟源可分为光钟和微波钟两大类。目前微波钟的不确定度最高可达到约 $1e^{-16}$ 量级。由于时钟源的稳定性和精度极大程度上取决于参考谱线的线宽 Δv 与谱线中心频率 v 的比值 $\Delta v/v$。光波频率比微波频率高 4~5 个数量级，并且光学频率标准的频率噪声远小于原子钟，与原子微波钟相比，光钟的稳定性、精度和位相噪声都有数量级的改善。由于光学频率基准主要基于单个囚禁离子或中性费米子原子的频率基准，原子间相互作用引起的频移很低，其他相对频移如黑体辐射也很低，可以达到更好的精度。

由于还没有电子系统能够直接并准确地记录原子及离子 $5e^{14}$ 次/秒的光学振动，需要一种有效连接光频与射频的频率链。光学频率梳（Optical Frequency Comb）为超高精度同步实现提供了新的技术手段，可将光频率的稳定性和精度"传递"到微波频率，使得微波原子钟具有与光钟相同的输出特性，提高时钟输出精度（如图4—16所示）。因此，光学频率梳也是量子时钟源的一个重要研究方向。

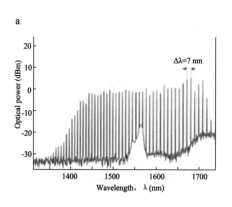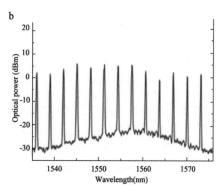

图4—16　光学频率梳

随着高精度时间同步技术在基础科研、导航、定位、电力、通信以及国防等方面的广泛应用，将会对同步传输精度提出更高要求。时频网络由多时钟源组成，即使所有的时钟源都具有非常高的精度，由于时钟源之间存在频率差和初始相位差，各钟面读数仍不相同，需要时间同步协议对网络中的时钟源进行同步和修正。

为了将时钟源头的同步信息传递到末端的终端设备，还需要高精度的同步传输协议。量子时间同步协议与经典同步协议相比，具有同步精度高、安全防窃听、可消除色散等优点，从而受到广泛的关注。目前，通信网络中最成熟的同步传输协议是1588v2，单节点时间同步精度为±30ns。

根据理论分析，经典同步协议受限于经典测量的散粒噪声极限，而对于量子时间同步协议，在相同条件下，其准确度将达到量子力学中的海森堡极限，比经典时间同步极限提高$\sqrt{MN}$倍，其中M为脉冲数，N为一个脉冲中包含的平均光子数。[1] 目前经典时间同步技术最高精度可达100ps，而量子时间同步协议原理性实验中，时间同步协议精度理论上有望达到fs量级。

量子时间同步系统还可以把量子时间同步协议与量子保密通信相结合，开发出具备保密功能的量子时间同步协议，从而有效对付窃密者的偷听行为。例如，我国科学家利用"墨子号"量子科学实验卫星，在国际上首次实现量子安全时间传递的原理性实验验证，为未来构建安全的卫星导航系统奠定了基础。通过通道间的频率纠缠特性还

---

[1] 侯飞雁、权润爱、邰朝阳等：《量子时间同步协议研究进展回顾》，《时间频率学报》2014年第37期。

可以消除传播路径中介质色散效应对时钟同步精度的不利影响。

目前，国内外多家研究机构开展了基于量子效应的时间同步协议（如表4—1所示），但远距离量子时间同步协议的研究工作尚处于原理探索研究阶段，关于系统实验和应用的报道较少。量子纠缠及压缩态的光子对的制备成为制约该领域发展的关键瓶颈，距离实用化仍较远。量子时钟源提供了超高精度的时间和频率基准源，量子时间同步协议提供了一种高精度、安全防窃听的同步信息传输机制，二者结合有望能够满足未来通信网络对于时间基准的需求。

表4—1 各种量子时间同步协议技术方案

量子时间同步协议	科研机构	优势
量子保密时间同步协议	美国麻省理工学院	可实现同步信息的保密传输
纠缠消除色散时间同步协议	美国麻省理工学院	可避免由于测量脉冲发送/接受时间引入误差；由于使用纠缠源，可消除光纤中的色散效应
基于符合测量纠缠光子对的单向时间同步协议	美国马里兰大学	基于纠缠光子对的二阶关联进行联合探测，适用于星地远距离时钟同步以及远距离授时
纠缠光子二阶相干时间同步协议	美国陆军研究实验室	同步精度取决于光学延迟的控制精度和 HOM 干涉仪的二阶量子干涉的精度
消除色散的光纤量子时间同步协议	中国国家授时中心	使用二阶量子干涉，可消除光纤中的色散效应
基于 MZ 干涉仪结构的量子时钟同步协议	中国西北工业大学	可避免由于测量脉冲发送/接收时间引入误差，可消除色散效应
基于双向量子密钥分发的时间同步协议	中国科学技术大学	可同时实现量子保密通信和量子安全时间同步

第六节 我国量子精密测量发展应用面临的问题与挑战

一、系统工程化和实用化仍有待探索

量子传感技术对原子和光子等微观粒子进行精确的人工调控和状态检测，对调控和检测设备及其工作环境提出了很高的要求。量子精密测量和传感设备在体积、功耗和集成度等方面均存在问题瓶颈，并对其应用推广形成了制约。目前工程样机级别的产品和解决方案，整体性能和实用化水平还有较大提升空间，技术成熟和规模化商用还有一段距离。

二、研究项目的应用转化机制不成熟

测量仪器仪表类研究项目在申报和考察过程中，普遍存在突出个别指标参数的先进性，而对整机实用性、工程化问题和相关应用研究的导向性和考察机制不足。测量仪器仪表类研究项目的支持和投入，与最终的实际工程化和市场应用之间没有形成商业闭环。同时科研成果转化应用过程中，可能存在政策和法规层面的灰色地带，市场化应用推广缺乏体制机制保障和驱动力。

三、产业化合作和推动力量较为有限

量子传感技术的研究和应用涉及面广，技术背景差异较大。项目支持和投入需兼顾多个技术方向，形成体系化和持续性支持的难度较大。不同技术方向的发展程度以及应用前景各不相同，科研机构和商业企业之间的合作交流目前仍然十分有限，缺乏沟通合作的平台与机制，科研成果转化和知识产权开发存在困难。

第五章

量子信息技术发展与
应用展望

第一节　量子信息技术整体演进趋势

量子信息技术的研究和应用发展植根于量子物理学的基础研究和理论探索，未来将在国家科技发展、新兴产业培育和经济建设等诸多领域中产生基础共性乃至颠覆性的重大影响。通过认识和利用微观粒子系统的物理规律引发了第一次量子科技革命，诞生了半导体、激光和核能等新技术领域。而直接观测和操控光子、电子和原子等微观粒子系统，并借助量子叠加态和纠缠态等独特物理现象进行信息采集、传输和处理，则是以量子信息技术为代表的量子科技革命第二次浪潮的主要特征。

现阶段的量子物理学理论虽然能够对量子叠加、量子纠缠、量子隧穿（Quantum Tunneling）等微观粒子系统的独特实验现象和观测结果进行严谨描述和精确预测，即回答了"是什么"的问题，但是距离理想和完备的刻画和解释微观物质世界的运行规律，即回答"为什么"的问题，仍有诸多令人困惑之处。例如，微观世界的量子态和宏观世界的经典态之间的界限与联系何在；在波函数测量坍缩时观测者的意识究竟起到什么作用；微观量子系统和经典测量仪器如何区分与界定等。量子物理学的理论问题仍在激励物理学家不断进行研究和探索，未来的重大理论突破将进一步促进和推动量子信息技术的研究和应用发展。

量子信息的三大技术领域，即量子计算、量子通信、量子精密测量，在研究发展水平，技术实用化程度，产品工程化能力和产业化应用前景等方面各有差异，处于不同的发展阶段（如图5—1所示）。量子物理学的研究和应用仍面临着一些基础共性关键技术和核心问题瓶颈需要进一步攻关突破。例如，量子计算中的高维纠缠态制备与操控、高品质样品材料制备、超低温和磁场隔离环境、高精度操控测量系统等；量子通信中的高品质量子态光源、高效纠缠源制备分发及探测、高性能单光子检测，以及量子态存储与中继技术等；量子精密测量中的高精度操控系统和集成化隔离屏蔽环境等。上述基础共性关键问题研究的攻关和突破，是量子信息技术进入实用化和产业化主要的控制性因素，也将成为整个量子信息技术发展成熟度的关键性评价指标。

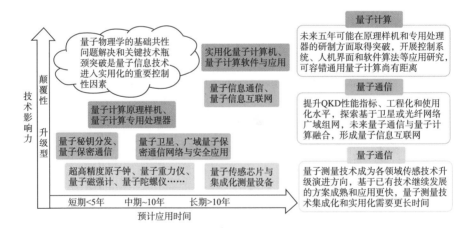

图5—1　量子信息技术发展与应用演进趋势展望

量子信息技术的研究和应用探索发端于20世纪90年代，目前总体仍处于基础科研向应用研究转化的早期阶段，其技术发展演进和应用产业推广既具有长期性，也存在不确定性。总体而言，真正具有改变游戏规则和颠覆意义的"杀手级应用"尚未出现，各领域新兴技术的商业化应用和产业化发展的路线有待进一步探索。

在量子计算领域，基于多种技术路线的物理平台探索和量子物理比特数量的提升持续取得进展，"量子优越性"首次得到验证。但可扩展量子计算的物理平台实现方案仍未明确，可容错量子逻辑比特仍未实现，量子计算解决实际计算难题的算力优势尚未充分验证，量子计算的适用范围和能力边界仍需进一步探索。未来五年内可能在量子计算原理样机和专用量子计算处理器的研制以及量子模拟、机器学习和大数据集的分析优化等某些应用领域取得一定突破。同时量子计算控制系统、人机界面和软件算法等应用研究，将为通用量子计算技术的实用化奠定基础。通用化可编程量子计算将对基础科研和信息通信等诸多领域和行业产生较大影响，但距离实现仍有长期而艰巨的道路。

在量子通信领域，进入实用化阶段的量子密钥分发和量子保密通信技术主要面向信息安全领域，已进入实用化阶段，但其应用范围和技术影响力相对有限，同时面临后量子安全加密技术的竞争，商业化应用和产业发展仍需进一步探索。随着性能指标、工程化和实用化水平不断提升，可进一步探索基于卫星或光纤网络的长距离传输和广域组网应用。量子隐形传态和量子存储中继技术是实现未来量子信息传输和组网的重要方向，未来仍处于理论研究和实验探索阶段，实用化前景较不明朗。

在量子精密测量领域，不同类型的测量急速和传感器件的发展程度和应用前景存在一定差异，原子钟、核磁共振陀螺和单光子探测与干涉测量等基于已有技术平滑升级演进的量子精密测量方向发展更加成熟，实用化前景更为明确。而基于量子相干性检测、量子纠缠测量和超流体干涉陀螺测量等热点新兴方向在技术成熟度、设备集成化和工程化水平等方面仍有较大提升空间。未来量子精密测量在国防航天等领域的应用有可能率先取得突破。

第二节 量子信息技术领域国际发展态势

目前，美国、欧洲和我国在量子信息技术领域发展较快，美国、欧洲和我国是国际上量子信息研究最主要的研究力量，且各有优势，国际竞争异常激烈。

在基础科研水平方面，美国的高水平研究机构和顶尖科学家人才聚集，研究方向开创性和工程化创新能力首屈一指。欧洲科研实力雄厚，国际合作广泛，在部分细分领域处于国际领先，但大项目组织投入和联合研究方面的动员能力和组织效率稍逊一筹。我国属于量子信息领域的"后起之秀"，近年来在量子信息的部分研究方向上已处于国际领先地位或与欧美发达国家同等水平。

在应用推广能力方面，美国的科技巨头和工业巨头在量子计算和量子精密测量领域大力投入，科研成果的应用转化环境和工程化能力领先。欧洲顶层设计和布局规划完善，商业创新环境成熟，有利于市场化应用推广，但各国政策和市场相对独立，技术产业变革的规模效应难以充分显现。我国具备集中力量办大事的体制优势，但产学研用各环节的相互配合仍然存在瓶颈，后续成果转化和应用模式还有待探索。

在规划布局差异方面，美国将量子计算和量子模拟视为优先发展方向，也十分重视量子精密测量在能源和工业等领域的应用，意在以信息获取和计算处理能力的提升触发新一轮科技革命，保持其在科技领域的领先优势；美国量子通信领域的研究和应用公开报道较少，但在其 2018 年启动的"国家量子行动法案中"明确量子通信、量子计算和量子传感为三大研究目标，白宫也在 2020 年发布了"量子互联网国家战略"。欧洲在量子计算、通信和测量三个领域的布局相对均衡，都有相关的研究报道和应用成果。我国在量了通信的研究和应用方面起步较早，近年来已取得了国际领先地位，但应用范围有待进一步提升。近年来国家层面规划布局加大了量子计算和量子模拟等更具有基础性和颠覆性研究方向的支持力度，量子精密测量在众多领域的研究和应用也逐渐受到重视。

在综合实力对比方面，美国在量子精密测量方面传统优势明显，多个传感测量的子领域均保持世界纪录；量子计算方面的研究也处于领先，未来五年可能在量子计算原理样机方面率先取得突破；并已经开始布局基于量子隐形传态的量子信息传输网络研发。欧洲在各国的研究机构和科技公司均具备很强的科研实力，国际交流和项目合作密切，但在量子信息技术从科研、应用到产业发展的全局层面仍唯美国马首是瞻。我国近年来量子信息技术相关科研团队、论文数量及从业人员等指标开始进入世界前列，新技术应用推广具备潜在的政策驱动和市场资金等规模优势。量子计算研究水平处于国际第一方阵，量子精密测量领域的整体研究与应用水平与美欧发达国家相比仍有一定差距。

第三节 我国量子信息技术发展的机遇和挑战

我国在量子信息技术领域的研究和应用虽然起步稍晚，但与国际先进水平没有明显代差，在量子计算、量子通信和量子精密测量三大技术领域均有相关研究团队和应用布局。近年来，在科研经费投入、研究人员和论文发表数量、研究成果水平、专利申请布局、应用探索和创业公司等方面均具备较好的实践基础和发展条件。我国已经成为全球量子信息技术研究和应用的重要推动者，与美国和欧洲共同成为推动量子信息技术发展和演进的中坚力量。

在量子计算方面，中国科学技术大学、清华大学、浙江大学和中国科学院等研究机构取得了多项具有世界水平的研究成果，例如实现了 76 个光子的光量子计算原型机"九章"，处理"高斯玻色取样"问题的速度比目前最快的超级计算机"富岳"快一百万亿倍，使得我国达到了"量子计算优越性"这一里程碑。已报道 20 超导量子比特计算实验，预计未来 1—2 年内可达到 50 比特量级。同时，阿里、百度、腾讯和华为等科技巨头开始投入量子计算硬件平台、软件算法和应用探索的研究，本源量子、量旋科技等初创公司也开始崭露头角。

在量子通信方面，中国科学技术大学、清华大学、北京大学、北京邮电大学和上海交通大学等研究机构的研究成果与国际先进水平基本同步，甚至在量子保密通信试点应用、网络建设和星地量子通信探索方面处于领先。量子保密通信产业基本形成，国科量子、科大国盾、安徽问天和上海循态等公司积极探索和推动产业的发展应用，各地方政府、电力电网、银行和互联网企业等单位开始探索采用量子保密通信进行信息安全保护。

在量子精密测量方面，中国科学技术大学、北京航空航天大学、中国科学院和中国航天科工集团等科研机构在量子陀螺、重力仪、磁力计、时间基准等领域开展了大量研究，研究成果和原理样机的关键指标参数与国际先进水平的差距正在逐步缩小。在量子随机数参考基准和量子时频同步网络等应用探索方面，也开始进行布局和推动。同时，国耀量子雷达和国仪量子等初创公司在单光子光学雷达和金刚石 NV 色心谱分析等领域开展应用探索。

我国在重大项目的组织协调方面具备集中力量办大事的体制优势，同时快速的经济发展水平、较为完整的工业体系和纵深巨大的统一市场也能为量子信息领域新兴技术的应用和产业发展提供广阔空间和有力支撑。量子信息技术发展演进存在技术路径、应用探索和产业模式的不确定性，学术界开放探索和研究合作仍是主流，产业界尚未形成技术壁垒和寡头垄断。我国具备在量子信息技术领域聚力加快发展，力争与国际先进水平实现并跑甚至领跑的时间窗口和宝贵机遇。

我国量子信息技术发展和应用探索也面临一些瓶颈和挑战。量子信息技术领域研究发展和应用探索的顶层设计和规划布局尚未形成有机整体，对重点研究领域的规划指导和投入支持力度不足。学术界普遍存在论文导向的科研模式，与产业界融合进行应用探索和产业推动的合作交流有限，科技企业参与度和初创公司活跃度较低，科研合作与应用转化机制有待探索。同时在支持量子信息技术发展和应用的产业基础，例如材料样品、制冷设备、操控系统等方面仍存在一些短板，未来可能成为制约工程化实现和实用化推广的关键瓶颈。在人才引进、培养和选拔机制方面的管理和评价机制缺乏灵活性和多样性，在与量子信息技术配套的工程、工艺、软件、测评和标准化等方向的专业化人力资源的支撑能力较弱。

量子信息技术的发展和应用具有重要性和长期性，在国家层面制定量子信息技术领域的整体发展战略，推出总体发展规划，加快论证实施相关科技项目，协同推进国家实验室建设，可以有效引导和推动相关研究和应用的发展。在量子计算领域，建立研究机构与其他科研院所以及信息通信、化工制药、人工智能等领域产业界的合作平台与沟通机制，依托下游实际需求进行计算难题在量子计算处理器和云平台的建模解析、算法映射和协同研发，是促进量子计算实用化研究的有效途径。在量子通信领域，对于已经进入实用化的量子密钥分发和量子保密通信，依托现有试点项目和网络建设，组织开展标准制定、测评认证、产业发展政策等应用研究，进一步促进商用化推广和产业发展成熟。在量子精密测量领域，加强科研项目布局中的工程化和实用化指标考核，推动研究成果落地转化，以及研究机构和产业应用部门的沟通交流合作。此外，量子信息技术研究和应用涉及诸多工业基础配套和工程研究环节，加强在材料工艺、核心器件和测控系统等问题瓶颈的攻关突破，对于应用和产业的可持续发展具有重大意义。

第四节　促进我国量子信息技术发展的策略建议

一、明确重点研发方向，打破瓶颈构建优势

量子科技革命的第二次浪潮正在来临，全球量子信息技术领域的科研、应用与产业发展逐渐加速，掌握量子信息关键技术、核心平台与创新能力将成为未来新的"国之重器"。建议进一步加大量子信息技术领域的基础科研支持力度，在量子通信的高品质纠缠源、高性能单光子探测、量子态存储中继，量子计算的高维量子纠缠操控和高效量子纠错编码，量子精密测量设备小型化、集成化等方面开展共性关键技术、样机工程化和技术实用化瓶颈开展研究，将政策支持优势真正转化为核心技术优势，掌握关键技术创新和可持续发展能力。

二、补齐产业基础短板，强化工程支撑能力

量子信息技术研究需要通用基础设施、实验测控环境、新型芯片软件等工业领域的基础配套和短板补齐，同时量子信息技术应用转化也需要专业化的工艺、工程、软件、测试团队的支撑。建议全面梳理量子信息技术研究涉及的产业基础短板，对量子通信中的高性能单光子探测器模块，量子计算中的小型化高效制冷装置，量子计算和量子精密测量中的高纯度超导或金刚石样品及其制备工艺，

以及微波或光学专用操控系统等为代表的"卡脖子"问题，进行针对性布局和研究。在此过程中，需同步加强相关领域工艺、工程、软件和测试等人才培养，为量子信息技术科研提供有效支撑，为未来产业应用转化奠定基础。

三、加强顶层规划设计，优化科研管理体制

从国家层面对量子信息技术领域制定目标明确、重点突出的顶层规划设计是加快发展与应用的关键之一。量子计算和量子模拟发展带来算力和研究能力的提升将加速其他众多领域的演进和发展，量子计算与量子通信的融合对信息通信技术演进产生深刻影响，量子精密测量在众多领域的应用也将是改变游戏规则式的颠覆性技术，建议作为研究和应用的重点关注领域。科研管理体制方面，建议完善科研评价体系、人才引进和选拔方案以及前沿探索的容错机制，激发各类型、各层次人才的创新活力。同时，改变科研经费管理和运用中条目过细、进度僵化和重物轻人等问题，建立与科研成果贡献和量子信息技术快速演进趋势相适应的预算管理与经费使用模式。

四、建立合作平台机制，推动产业应用发展

量子信息技术的科研需要大量高投入、重资产、长研发周期的实验平台及配套环境，建议从国家层面建立合作平台机制，进行规划引导和资源整合，集中力量办大事，避免低效率重复投入和通用基础平台的重复建设。在应用部署方面，建议对应用发展方案和产业推动路径等问题进行研究部署，组织开展标准评测认证、知识产

权开发和产业配套政策等方面的应用研究。同时，建议联合量子技术、信息通信和传统工业等领域的各方力量，建立量子信息应用公共创新平台和产业发展联盟，为产学研用各方提供信息交流、合作协同、成果转化和产业规划等全方位公共服务。

后　　记

为了帮助各级领导干部及时把握人工智能兴起的历史机遇，推动人工智能应用及相关产业发展，中共中央党校出版社于 2019 年策划了与领导干部谈黑科技系列丛书，并于该年 12 月出版了由本人主编的领导干部学习人工智能的权威读本《与领导干部谈 AI——人工智能推动第四次工业革命》。该书出版后，受到广大读者的普遍欢迎，多次重印，市场反响较为热烈，反映了领导干部对人工智能的高度关注，其对于提高一些前沿科技认知、推进人工智能发展的现实指导意义获得了各级党校和政府方面的高度认可，被多个地方政府选作干部学习教材。

此次再次受到中共中央党校出版社约稿，编撰《与领导干部谈量子科技》，该书作为党政干部学习量子科技的权威读本，本人甚感责任重大、意义重大。近年来，量子科技发展突飞猛进，成为新一轮科技革命和产业变革的前沿领域，了解世界量子科技发展态势，分析我国量子科技发展形势，更好推进我国量子科技发展，对提高国家竞争力、促进中国高质量发展、保障国家安全都具有非常重要的作用。在 2020 年 10 月 16 日中央政治局就量子科技举行集体学习的大背景下，我们认真学习习近平总书记关于加快发展量子科技的战略意义，深刻领会习近平总书记关于"要充分认识推动量子科技发展的重要性和紧迫性，加强量子科技发展战略谋划和系统布局，把握大趋势，下好先手棋"的指示。

在举国高度重视量子科技之际，本人和本人领导的深兰科学院以及深兰科技公司专家们高度重视该书的编撰任务，坚持科学视角，立足国家战略，放眼国际，希望通过本书全面剖析量子科技的发展态势和应用进展，列示量子计算、量子通信、量子精密测量等相关产业发展的现状，期望有助于帮助各级领导干部了解、学习量子科技等前沿技术和先进知识，在不同层面支持和推动量子科学的发展，同时培养科学思维和国际化视野，不断提高认识新情况、解决新矛盾、处理新问题的能力与水平。

时至今日，人类已经在现代科学的道路上取得了不少成就和突破，计算机科学、物理学、化学、生物学、宇宙学等领域的进步均让世人瞩目，而人工智能和量子科技也正成为前沿科学界两条最热门和最关键的赛道。百年未有之大变局，未来十年，将是世界经济新旧动能转换的关键十年，也是美国引领的第三次工业革命——信息化和第四次工业革命——智能化交替转换的十年，这十年，人工智能和量子科技的发展将成为国际竞争的焦点，因为第四次工业革命智能化就是在互联网、大数据的基础上，以人工智能、量子科技、生物科学等新一代技术为主要推动力的新一轮科技革命和产业变革，将会催生大量新产业、新业态、新模式，给全球发展和人类生产生活带来翻天覆地的变化。

开尔文于19世纪末提出的黑体辐射，是物理学世界的两朵"乌云"之一。为了解决这个难题，量子力学之父普朗克提出，光的能量可以分成不连续的最小基本能量元，从而拉开了量子世界的帷幕。爱因斯坦也因为提出光电效应的量子解释，获得了诺贝尔物理学奖。海森堡、薛定谔、玻尔等科学家基本完成了量子力学的理论框架。第一次量子革命催生了晶体管、激光、核磁共振、全球定位系统等现代技术，使人类进入信息时代。近些年来，随着实验技术的进步，人类可以对微观体系的量子态进行精确的检测与调控。量子调控技术的进步有望推动第二次量子革命，对未来社会产生本质的影响。

在传统信息技术时代，美国硅谷领衔，诞生了以半导体、计算机、互联网为代表的信息科技，引领了第三次工业革命——信息化。而随着5G时代的来临，社会对计算能力、保密通信、测量传感等需求日益增长，传统模式面临巨大挑战，摩尔定律也有可能在十年内失效，经典计算机的计算能力趋于瓶颈，这意味着在即将爆发的第二次量子科技革命浪潮下，国际格局会迎来重大变化，筹码将被重新分配。为了抢占量子科技的国际话语权与技术制高点，各国竞相出台相关政策和提供资金支持量子科技发展，行业在政策和资金的推动下有望实现快速发展。

自美中贸易摩擦爆发以来，美国不断限制向中国出口稀释制冷机等量子计算机的主要组成部分等高技术产品，但我国在高层的不断重视和高校、科研机构、产业公司科技工作者的共同努力下，量子科技领域的科研与应用探索近年来取得了诸多重要成果。总体而言，我国量子通信领域科研与国际水平基本保持同步，量子通信研究和示范应用探索处于领先，但量子计算领域的前沿研究、样机研制和应用推广与欧美存在较大差距，量子精密测量领域的商用化和产业化仍有一定差距。而我国在科研团队、研究人员和论文专利数量以及知识产权布局和标准体系建设等方面具备较好的实践基础和发展条件，这成为推动我国量子科技技术发展的重要力量之一。

致力于人工智能基础研究和应用开发的深兰科学院，高度重视在量子科技方面的研究。深兰科学院拥有人工智能研究院、前沿科技研究院、科学计算研究院、智能汽车研究院、自动化研究院和生命&AI脑科学院，和清华大学建有计算机视觉联合研究中心、和上海交大建有人工智能联合实验室，同时和上海大学量子人工智能科学技术研究中心展开量子科学和人工智能的多方面科研合作。

深兰科学院在量子方面的前沿科技领域的研究涵盖超同态加密时间量子纠缠技术和芯片产业化、绝热量子计算机的计算路径优化、受量子启发的储层计算机预测时间序列等多个课题。因此，本书也可视作深兰科学院在深入学习领会和贯彻落实习近平总书记重要指示精神，并结合自身原创研究成果的基础上，是对于量子信息技术发展与应用的认识、自身看法和科研成果的汇报。

量子霸权时代即将到来，谁先夺取"量子霸权"，谁就掌握了技术制高点、标准制定权和舆论主导权，在产业竞争中占据有利地位，这是一场关乎未来的科技生产力之战。在量子理论诞生100多年之后，"第二次量子革命"的竞争大战进入关键阶段。目前，以国家力量支持推动，企业和科研机构为先导，世界主要科技国家均已"参战"，伴随着中央最高决策层对于机制、资金、人才产业化等多方面的全力支持，我国量子科技领域毫无疑问将迎来新的发展机会。这一轮由人工智能、量子科技、生物科学等主要技术引领的新一轮科技革命和产业变革必将深远地影响人类社会，中国在人工智能、量子科技和生物科学领域的技术成果，必将有力推动中国的科技强国之路的进程，助力早日实现中华民族的伟大复兴。

最后，感谢中共中央党校出版社的各位老师、中科院潘建伟院士、深兰科学院的同事们为本书给予的支持和帮助。作为一个正在快速发展的前沿产业，量子信息技术的发展与应用的更新迭代速度非常快，也欢迎大家对本书中内容提出批评与改进建议。

陈海波

2021 年 1 月